写给设计师的书

TO DESIGNER

C=15 M=40 Y=60 K=0
C=100 M=95 Y=40 K=10
C=0 M=30 Y=75 K=0
C=55 M=45 Y=30 K=0
C=15 M=75 Y=0 K=0

酒店
设计手册

董辅川　王　萍　编著

清华大学出版社
北 京

内 容 简 介

本书是一本全面介绍酒店设计的图书,特点是知识易懂、案例趣味、动手实践、发散思维。

本书从学习酒店设计的基础知识入手,循序渐进地为读者呈现一个个精彩实用的知识、技巧。本书共分为 7 章,内容分别为酒店设计的原理、酒店设计的基础知识、酒店设计的基础色、酒店设计的空间分类、酒店设计的风格分类、酒店设计的装饰元素、酒店设计的秘籍。在多个章节中安排了设计理念、色彩点评、设计技巧、配色方案、佳作欣赏等经典模块,在丰富本书结构的同时,也增强了其实用性。

本书内容丰富、案例精彩、版式设计新颖,适合酒店设计师、室内设计师、环境艺术设计师、初级读者学习使用,而且也可以作为大中专院校酒店设计、室内设计专业、环境艺术设计师及酒店设计培训机构的教材,也非常适合喜爱酒店设计的读者朋友作为参考用书。

图书在版编目 (CIP) 数据

酒店设计手册 / 董辅川,王萍编著 . —北京:清华大学出版社,2020.7(2022.7重印)
(写给设计师的书)
ISBN 978-7-302-55658-9

Ⅰ . ①酒… Ⅱ . ①董… ②王… Ⅲ . ①饭店-建筑设计-手册 Ⅳ . ① TU247.4-62

中国版本图书馆 CIP 数据核字 (2020) 第 101976 号

责任编辑:韩宜波
封面设计:杨玉兰
责任校对:吴春华
责任印制:曹婉颖

出版发行:清华大学出版社
　　　　网　　　址:http://www.tup.com.cn, http://www.wqbook.com
　　　　地　　　址:北京清华大学学研大厦 A 座　　　　邮　　编:100084
　　　　社 总 机:010-83470000　　　　　　　　　　邮　　购:010-62786544
　　　　投稿与读者服务:010-62776969, c-service@tup.tsinghua.edu.cn
　　　　质量反馈:010-62772015, zhiliang@tup.tsinghua.edu.cn
印 装 者:小森印刷(北京)有限公司
经　　销:全国新华书店
开　　本:190mm×260mm　　　印　张:10.75　　　字　数:212 千字
版　　次:2020 年 8 月第 1 版　　　印　次:2022 年 7 月第 2 次印刷
定　　价:69.80 元

产品编号:085150-01

前言 FOREWORD

本书是笔者多年对从事酒店设计工作的一个总结，是让读者少走弯路、寻找设计捷径的经典手册。书中包含了酒店设计必学的基础知识及经典技巧。身处设计行业，你一定要知道，光说不练假把式，本书不仅有理论、有精彩案例赏析，还有大量的模块，启发你的大脑，锻炼你的设计能力。

希望读者看完本书后，不只会说"我看完了，挺好的，作品好看，分析也挺好的"，这不是编写本书的目的。希望读者会说"本书给我更多的是思路的启发，让我的思维更开阔，学会了设计的举一反三，知识通过消化吸收变成自己的"，这是笔者编写本书的初衷。

本书共分 7 章，具体安排如下。

第 1 章 酒店设计的原理，介绍了什么是酒店设计，酒店设计中的点、线、面，酒店设计中的元素。

第 2 章 酒店设计的基础知识，介绍了酒店设计色彩、酒店设计布局、视觉引导流程、环境心理学。

第 3 章 酒店设计的基础色，从红、橙、黄、绿、青、蓝、紫、黑、白、灰 10 种颜色，逐一分析讲解每种色彩在酒店设计中的应用规律。

第 4 章 酒店设计的空间分类，其中包括 10 种常见的空间类型。

第 5 章 酒店设计的风格分类，其中包括 7 种常见的风格类型。

第 6 章 酒店设计的装饰元素，其中包括棚顶设计、特色家具、创意灯饰、景观绿植、艺术品陈列、挂画、饰品和科技产品。

第 7 章 酒店设计的秘籍，精选 18 个设计秘籍，让读者轻松愉快地学习完最后的部分。本章也是对前面章节知识点的巩固和理解，需要读者动脑思考。

本书特色如下。

◎ 轻鉴赏，重实践。鉴赏类书只能看，看完自己还是设计不好，本书则不同，增加了多个色彩点评、配色方案模块，让读者边看、边学、边思考。

◎ 章节合理，易吸收。第1~3章主要讲解酒店设计的基本知识，第4~6章介绍空间分类、风格分类、装饰元素，第7章以轻松的方式介绍18个设计秘籍。

◎ 设计师编写，写给设计师看。不仅针对性强，而且知道读者的需求。

◎ 模块超丰富。设计理念、色彩点评、设计技巧、配色方案、佳作欣赏在本书中都能找到，一次性满足读者的求知欲。

◎ 本书是系列书中的一本。在本系列书中，读者不仅能系统学习酒店设计，而且有更多的设计专业供读者选择。

希望本书通过对知识的归纳总结、趣味的模块讲解，打开读者的思路，避免一味地照搬书本内容，推动读者自行多做尝试、多理解，增强动脑、动手的能力。希望通过本书，能激发读者的学习兴趣，开启设计的大门，帮助你迈出第一步，圆你一个设计师的梦！

本书由董辅川、王萍编著，其他参与编写的人员还有孙晓军、杨宗香、李芳。

由于时间仓促，加之编者水平有限，书中难免存在错误和不妥之处，敬请广大读者批评和指正。

编　者

目录

第1章 CHAPTER 1
P/01
酒店设计的原理

1.1 什么是酒店设计 2
1.2 酒设计中的点、线、面 3
1.3 酒店设计中的元素 6

第2章 CHAPTER 2
P/09
酒店设计的基础知识

2.1 酒店设计色彩 10
2.1.1 酒店设计的冷色调和暖色调 11
2.1.2 酒店设计色彩的"轻"
"重"感 12
2.1.3 酒店设计色彩的"进"
"退"感 13
2.1.4 酒店设计色彩的"华丽感"
"朴实感" 14
2.2 酒店设计布局 15
2.2.1 酒店设计直线型布局 16
2.2.2 酒店设计曲线型布局 16
2.2.3 酒店设计独立型布局 17
2.2.4 酒店设计图案型布局 17

2.3 视觉引导流程 18
2.3.1 通过空间中的装饰元素进行
视觉引导 19
2.3.2 通过符号进行引导 19
2.3.3 通过颜色进行引导 20
2.3.4 通过灯光进行引导 21
2.4 环境心理学 22
2.4.1 受众在环境中的视觉界限 23
2.4.2 注重酒店设计的系统性 23
2.4.3 图形与形状传递给受众的
视觉印象 24
2.4.4 空间环境对受众心理的影响 25

第3章 CHAPTER 3
P/26
酒店设计的基础色

3.1 红 27
3.1.1 认识红色 27
3.1.2 洋红 & 胭脂红 28
3.1.3 玫瑰红 & 朱红 28
3.1.4 鲜红 & 山茶红 29
3.1.5 浅玫瑰红 & 火鹤红 29
3.1.6 鲑红 & 壳黄红 30
3.1.7 浅粉红 & 博艮第酒红 30
3.1.8 威尼斯红 & 宝石红 31
3.1.9 灰玫红 & 优品紫红 31
3.2 橙 32
3.2.1 认识橙色 32

3.2.2 橘色 & 柿子橙......33
3.2.3 橙 & 阳橙......33
3.2.4 橘红 & 热带橙......34
3.2.5 橙黄 & 杏黄......34
3.2.6 米色 & 驼色......35
3.2.7 琥珀色 & 咖啡色......35
3.2.8 蜂蜜色 & 沙棕色......36
3.2.9 巧克力色 & 重褐色......36

3.3 黄......37
3.3.1 认识黄色......37
3.3.2 黄 & 铬黄......38
3.3.3 金 & 香蕉黄......38
3.3.4 鲜黄 & 月光黄......39
3.3.5 柠檬黄 & 万寿菊黄......39
3.3.6 香槟黄 & 奶黄......40
3.3.7 土著黄 & 黄褐......40
3.3.8 卡其黄 & 含羞草黄......41
3.3.9 芥末黄 & 灰菊黄......41

3.4 绿......42
3.4.1 认识绿色......42
3.4.2 黄绿 & 苹果绿......43
3.4.3 墨绿 & 叶绿......43
3.4.4 草绿 & 苔藓绿......44
3.4.5 芥末绿 & 橄榄绿......44
3.4.6 枯叶绿 & 碧绿......45
3.4.7 绿松石绿 & 青瓷绿......45
3.4.8 孔雀石绿 & 铬绿......46
3.4.9 孔雀绿 & 钴绿......46

3.5 青......47
3.5.1 认识青色......47
3.5.2 青 & 铁青......48
3.5.3 深青 & 天青......48
3.5.4 群青 & 石青......49
3.5.5 青绿 & 青蓝......49
3.5.6 瓷青 & 淡青......50
3.5.7 白青 & 青灰......50
3.5.8 水青 & 藏青......51
3.5.9 清漾 & 浅葱......51

3.6 蓝......52
3.6.1 认识蓝色......52
3.6.2 蓝 & 天蓝......53

3.6.3 蔚蓝 & 普鲁士蓝......53
3.6.4 矢车菊蓝 & 深蓝......54
3.6.5 道奇蓝 & 宝石蓝......54
3.6.6 午夜蓝 & 皇室蓝......55
3.6.7 浓蓝 & 蓝黑......55
3.6.8 爱丽丝蓝 & 水晶蓝......56
3.6.9 孔雀蓝 & 水墨蓝......56

3.7 紫......57
3.7.1 认识紫色......57
3.7.2 紫 & 淡紫......58
3.7.3 靛青 & 紫藤......58
3.7.4 木槿紫 & 藕荷......59
3.7.5 丁香紫 & 水晶紫......59
3.7.6 矿紫 & 三色堇紫......60
3.7.7 锦葵紫 & 淡紫丁香......60
3.7.8 浅灰紫 & 江户紫......61
3.7.9 蝴蝶花紫 & 蔷薇紫......61

3.8 黑、白、灰......62
3.8.1 认识黑、白、灰......62
3.8.2 白 & 月光白......63
3.8.3 雪白 & 象牙白......63
3.8.4 10% 亮灰 & 50% 灰......64
3.8.5 80% 炭灰 & 黑......64

第**4**章
CHAPTER 4
P/65

酒店设计的空间分类

4.1 酒店楼体外观设计......66
4.1.1 酒店的楼体外观设计......67
4.1.2 酒店的楼梯外观设计技巧——将图形元素融入设计中......68

4.2 大堂......69
4.2.1 酒店的大堂设计......70
4.2.2 酒店的大堂设计技巧——色彩沉着而稳重......71

4.3 前台......72
4.3.1 酒店的前台设计......73

4.3.2 酒店的前台设计技巧——小巧
的射灯使空间更加温馨...........74

4.4 餐饮区...........75
4.4.1 酒店的餐饮区设计...................76
4.4.2 酒店的餐饮区设计技巧——室外
的就餐区域更加贴近于自然.....77

4.5 宾馆...........78
4.5.1 宾馆设计...........................79
4.5.2 宾馆的设计技巧——大面积的
玻璃面增强空间的采光性.........80

4.6 会议室...........81
4.6.1 酒店的会议室设计...............82
4.6.2 酒店的会议室设计技巧——鲜艳的
色彩打造活跃的会议空间.........83

4.7 走廊...........84
4.7.1 酒店的走廊设计...................85
4.7.2 酒店的走廊设计技巧——注重
墙面的装饰效果.....................86

4.8 洽谈区...........87
4.8.1 酒店的洽谈区设计...............88
4.8.2 酒店的洽谈区设计技巧——布艺
沙发使空间看上去更加柔和.....89

4.9 娱乐区...........90
4.9.1 酒店的娱乐区设计...............91
4.9.2 酒店的娱乐区设计技巧——实木
元素的加入使娱乐区域
更加亲切.............................92

4.10 创意空间...........93
4.10.1 酒店的创意空间设计.........94
4.10.2 酒店的创意空间设计技巧——独
立的休息空间.....................95

5.1.2 现代风格酒店设计技巧——流畅
的线条突出空间现代风格.........99

5.2 欧式风格...........100
5.2.1 欧式风格酒店设计...............101
5.2.2 欧式风格酒店设计技巧——暖色
调打造华丽浪漫的氛围.........102

5.3 美式风格...........103
5.3.1 美式风格酒店设计...............104
5.3.2 美式风格酒店设计技巧——大面
积的落地窗增强空间的
透光性.............................105

5.4 东南亚风格...........106
5.4.1 东南亚风格酒店设计...........107
5.4.2 东南亚风格酒店设计技巧——
绿色植物的加入使空间更贴
近于自然.............................108

5.5 豪华度假式风格...........109
5.5.1 豪华度假式风格酒店设计.......110
5.5.2 豪华度假式风格酒店设计技巧——
为空间增添一抹鲜艳的红色...111

5.6 小资民宿风格...........112
5.6.1 小资民宿风格设计...............113
5.6.2 小资民宿风格设计技巧——独特
的设计手法增强空间
的设计感.............................114

5.7 沉浸式主题风格...........115
5.7.1 沉浸式主题风格设计.............116
5.7.2 沉浸式主题风格设计技巧——相
同元素的重复使用...................117

第5章
CHAPTER 5
P96
酒店设计的风格分类

第6章
CHAPTER 6
P118
酒店设计的装饰元素

5.1 现代风格...........97
5.1.1 现代风格酒店设计...................98

6.1 顶棚设计...........119
6.1.1 酒店的顶棚设计...................120
6.1.2 酒店的顶棚设计技巧——突出
顶棚的层次感.........................121

6.2 特色家具 —————————— **122**
　6.2.1 酒店的特色家具设计…………123
　6.2.2 酒店的特色家具设计技巧——
　　　　将家具元素与图形相结合…124

6.3 创意灯饰 —————————— **125**
　6.3.1 酒店的创意灯饰设计…………126
　6.3.2 酒店的创意灯饰设计技巧——
　　　　独特的造型打造设计感极强的
　　　　空间效果…………………127

6.4 景观绿植 —————————— **128**
　6.4.1 酒店的景观绿植设计…………129
　6.4.2 酒店的景观绿植设计技巧——室
　　　　内景观绿植为空间增添
　　　　自然气息…………………130

6.5 艺术品陈列 ———————— **131**
　6.5.1 酒店的艺术品陈列设计………132
　6.5.2 酒店的艺术品陈列设计技巧——
　　　　雕像增强空间的艺术氛围…133

6.6 挂画 ————————————— **134**
　6.6.1 酒店的挂画设计………………135
　6.6.2 酒店的挂画设计技巧——简约
　　　　风格的挂画使空间看
　　　　上去更加精致……………136

6.7 饰品 ————————————— **137**
　6.7.1 酒店的饰品设计………………138
　6.7.2 酒店的饰品设计技巧——圆形
　　　　装饰元素活跃空间氛围………139

6.8 科技产品 —————————— **140**
　6.8.1 酒店的科技产品设计…………141
　6.8.2 酒店的科技产品设计技巧——通
　　　　过色彩渲染空间的科技氛围…142

7.3 镜子的应用，丰富设计元素，
　　增强空间层次感 ——————— **146**

7.4 别具一格的住宿登记处，
　　奠定酒店的情感基调 ————— **147**

7.5 增强室内采光，使房间变得
　　温馨舒适 ——————————— **148**

7.6 层次分明，注重房间的私密性 —— **149**

7.7 鲜花绿草，焕发室内外生机 —— **150**

7.8 个性鲜明的建筑外观给人们留下深刻
　　的印象 ———————————— **151**

7.9 注重墙面的装饰，避免空洞
　　的居住氛围 —————————— **152**

7.10 地毯设计，提高用户体验的舒适度，
　　　使空间氛围得以升华 ————— **153**

7.11 窗帘满墙拖地，层次丰富 —— **154**

7.12 走廊、楼梯的设计，追求艺术感
　　　与品质 ——————————— **155**

7.13 设置休闲娱乐空间，营造轻松娱乐的
　　　休息环境 —————————— **156**

7.14 一步一景，步移景换 ———— **157**

7.15 丰富的配色方案活跃空间氛围 — **158**

7.16 适当降低饱和度，营造温馨
　　　舒适的空间氛围 ——————— **159**

7.17 光与影的结合，塑造个性化
　　　空间 ———————————— **160**

7.18 暖色调的配色方案，宾至如归 — **161**

第7章
CHAPTER 7
P.143
酒店设计的秘籍

7.1 色彩和谐与材料和风格相统一 ——— **144**

7.2 灯光照明可以成为气氛的催化剂 — **145**

第1章　酒店设计的原理

现如今，由于经济和旅游行业的发展突飞猛进，酒店行业的发展也随之加快，逐渐走进了高速发展的黄金时期。在酒店设计的过程中，除了品牌的竞争、服务的对比、管理的系统和档次的定位以外，酒店整体室内外环境的设计也成了酒店发展趋势的决定性因素。

因此我们在对酒店进行设计之前，首先要明白如何才能设计出体验度更加舒适的环境，在确定设计方案之后，打造使人流连忘返的居住、休闲空间。

1.1 什么是酒店设计

　　酒店设计是指按照合理的规定与规划，在满足经营需求和品牌定位的基础上，结合周边环境和可发展的下线业务，对酒店空间进行合理的规划与设计。在设计的过程中，必须清楚认识酒店自身的定位，明确构建酒店的特色与价值，充分了解市场定位与客源结构，设计出以人为本的个性化、风格化的酒店环境空间。

酒店设计技巧

以人为本：以人为本是酒店设计的基本理念和设计原则。打造出符合消费者需求的舒适空间，注重受众的心理感受，充分满足消费者内心的期待，打造以消费者和消费活动需求为中心的商业化空间。

注重原生态：原生态环境的塑造在酒店设计中，是一种商业空间与自然因素的有机结合，使环境贴近自然、回归自然，不做修饰，保持本色。创造出别具一格，使人耳目一新、流连忘返的酒店环境。

元素多元化：酒店本身是一个商业化、多元化的发展空间，因此所应用到的元素也随之更加多元化，多元化的元素可根据不同空间的不同定位与风格进行合理的选择，以便打造更加风格化、个性化的空间环境。

提倡高科技：高科技发展至今，已经越来越方便、快捷、人性化，将高科技元素应用到酒店设计中，能够使用户的体验感得到提升。

点、线、面是造型构成的基本要素，具有"点动成线、线动成面、面动成体"的基础特点。在环境空间中，这三种元素的呈现总是相对而言的，不同的大小、数量、呈现方式以及搭配方式，会随之产生不同的丰富变化，刺激消费者的感官，从而使空间效果更具设计感与艺术感。

酒店设计中的点："点"元素并不是传统意义上的一个固定的概念，在酒店设计中，通常情况下取决于自身形状特征与周围环境的对比关系。

酒店设计中的线："线"在酒店空间中，是具有一定指向性的设计元素，根据线元素的虚实、长短、粗细和曲直的对比，来塑造不同的空间氛围。

酒店设计中的面："面"是一种相对而言更具冲击力和表现力的设计元素，从造型来看，可大致分直线面与曲线面两种。在设计的过程中，通过不同的设计手法和表现形式与空间的整体风格相对应，打造更具风格特色的空间效果。

1.3 酒店设计中的元素

　　酒店设计是一门复杂的多元化设计学科，为了满足消费者不同的消费需求，各种风格特色的酒店层出不穷，但不论风格如何变化，在设计过程中所应用到的元素总是离不开色彩、陈列、材料、灯光、装饰元素以及气味等。

　　色彩：酒店设计的风格离不开色彩的渲染。色彩在酒店设计中是一种较为直观的表达方式，相对于其他元素来讲，具有较强的表现力和视觉冲击力，能够使不同年龄、性别、社会经验的消费人群产生不同的联想与体会，具有无限的可能性。

　　陈列：元素陈列方式的合理化与技巧化在酒店空间设计中有着举足轻重的作用，利用布局效果对空间进行视觉引导，使空间和元素能够扬长避短，提高消费者对酒店空间的接受率。

材料：不同种类的材料属性与风格各不相同，在对空间风格进行基础定位后，可选用适合空间风格的材料对空间进行装饰装修，更有助于氛围的渲染。但在应用的同时，也需要考虑材料的安全性、耐用性、舒适性及便捷性等因素。

灯光：光是人们辨别一切事物的基础条件之一。灯光元素在酒店设计中有着至关重要的作用，它不仅是提供照明的基础设备，还是改善室内环境、增强设计美感，以及氛围渲染的重要装饰元素。

装饰元素：随着人们对于生活水平追求的不断提高，酒店对于消费者来说已不再是仅供休息的居住空间，而是更加注重酒店整体装修效果的设计感与艺术性。因此装饰元素在酒店空间中占有着重要地位，通过装饰元素的设计感与艺术性，创造出更加舒适、美观且个性化的居住环境。

气味：人们会对气味产生记忆。在酒店设计中，通过嗅觉来刺激消费者，既是氛围的渲染与塑造，又是感情的传达与烘托，同时还能通过气味增强消费者对酒店空间的印象与记忆。

第2章 酒店设计的基础知识

随着生产力的发展，酒店行业也逐渐发展起来，现如今，酒店作为商业性的活动空间，不仅为住客提供了休息、居住的场所，还提供了餐饮、游戏、娱乐、购物、商务中心、宴会及会议等场地与设施。因此酒店设计也成为一门综合性的科学与艺术。

酒店设计的四点设计要素如下。

◆ 酒店设计色彩：色彩作为氛围渲染的主要构成元素之一，能够直击受众的内心情绪，通过常识性的联想，使氛围的渲染更加浓郁直接。

◆ 酒店设计布局：合理的功能布局和流程设计是一个酒店盈利的基石，在确定酒店内的空间定位后，进行合理的空间布局，提高空间的使用率，增强空间的合理性。

◆ 视觉引导流程：当某一视觉信息具有较强的视觉冲击力时，就会比周遭环境的其他元素更容易吸引受众的注意力，通过这种吸引注意力的方式引导视线和行进路线的顺序，使受众按照设定好的路线依次接受信息。

◆ 环境心理学：环境心理学是支撑环境建造的基础理论。通过对环境心理学的研究与应用，创造出安全、舒适、宜人和富有美感的酒店环境。

2.1 酒店设计色彩

我们生活在由色彩所组成的世界里,在酒店设计中,不同的色彩会为空间呈现不同的氛围,因此,明确色彩的属性与特点,注重色彩之间的组合与搭配,是酒店设计的基础知识,通过合理的色彩设计与搭配,打造出合理、美观且充满风格气质的空间效果。

在设计中,我们大致可将色彩分为冷与暖、轻与重、进与退、华丽与朴实等风格与特点。

2.1.1 酒店设计的冷色调和暖色调

色彩的冷与暖是人们长期生活经验的总结，具有联想性。通常我们将红色调、橙色调和黄色调的色彩看作暖色调色彩，会让人们联想到温暖、热情、甜蜜的事物，如：太阳、火焰、橙子、收获等；而冷色调色彩通常为绿色调、青色调和蓝色调，能使人们联想到冷静的大海、寒冷的冬天和具有科技感的电子产品等。

冷色调的酒店设计赏析：

暖色调的酒店设计赏析：

2.1.2　　酒店设计色彩的"轻""重"感

　　明度是指色彩的明暗程度，是决定色彩轻、重感的重要因素。高明度的色彩相对较"轻"，在空间中能够营造出清凉、柔和、淡然的空间氛围；而低明度的色彩相对较"重"，给人一种踏实、稳重、深邃的视觉感受。

　　视觉效果"轻"的酒店设计赏析：

　　视觉效果"重"的酒店设计赏析：

2.1.3　酒店设计色彩的"进""退"感

　　色彩的"进"与"退"是相对而言的。在酒店设计中，采用低明度或是冷色调的色彩会使区域产生向后退的视觉效果，而高明度或是暖色调的色彩通常情况下会产生向前进或是相对抢眼夺目的视觉效果。

　　进退感的酒店设计赏析：

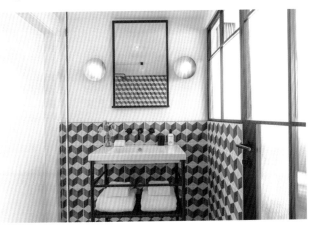

2.1.4 酒店设计色彩的"华丽感""朴实感"

"明度"与"纯度"是决定色彩"华丽感"与"朴实感"的关键要素，明度和纯度相对较高的色彩相对而言更加华丽鲜明，而明度和纯度相对较低的色彩相对而言更加平和朴实。

华丽感的酒店设计赏析：

朴实感的酒店设计赏析：

2.2 酒店设计布局

　　酒店布局是决定酒店档次的一个重要的决定性标准。好的酒店布局效果能够使空间的规划更加合理，提升空间的利用率，使整体空间具有安全性、舒适性和私密性。

　　从特定角度来讲，我们可以将酒店的布局方式分为直线型、曲线型、独立型和图案型四种。

2.2.1　酒店设计直线型布局

　　直线型：直线型的酒店设计布局是将酒店空间内的元素进行直线型陈列。我们可将直线型布局方式分为两种，一种是有序型直线布局，另一种是无序型直线布局，两种布局方式所呈现的视觉效果各不相同。

　　直线型酒店设计布局赏析：

2.2.2　酒店设计曲线型布局

　　曲线型：酒店的曲线型布局方式，会根据曲率的不同营造出不一样的空间效果，曲率越大，就说明曲线的弯曲程度越大，氛围就更加灵活、欢快；而曲率越小，曲线的弯曲程度就越小，酒店的空间氛围就更加优雅、温馨。

　　曲线型酒店设计布局赏析：

2.2.3 酒店设计独立型布局

独立型：酒店的独立型布局方式更加注重空间的私密性，通过人性化的设计理念使酒店空间充满人情味。

独立型酒店设计布局赏析：

2.2.4 酒店设计图案型布局

图案型：图案型的布局方式会根据不同的图案形状为空间营造出不同的视觉效果，并通过图案形式的塑造，增强空间的个性化效果。

图案型酒店设计布局赏析：

2.3 视觉引导流程

视觉引导流程是通过一系列元素对空间进行装饰的同时，对受众进行视觉和行进路线等的引导。由于受众视野的局限性，在设计的过程中可以通过装饰元素引导、符号引导、颜色引导和灯光引导等方式，使空间达到最佳引导效果。

2.3.1 通过空间中的装饰元素进行视觉引导

在酒店设计中，将装饰元素作为空间的视觉引导，既能够对空间起到装饰作用，提升空间的美观性，又能够作为空间的视觉引导，提升空间的实用性与说明性。

这是一款酒店内餐厅就餐区域的空间设计。在天花板上借助半透明薄纱材料对

空间进行装饰，在暖色调灯光的映衬下使空间更显神秘、浪漫。将餐桌设置在装饰元素的正下方，使其起到了正确的引导作用。

- RGB=68,21,31 CMYK=65,93,78,56
- RGB=191,160,137 CMYK=31,40,45,0
- RGB=71,57,44 CMYK=70,72,81,43
- RGB=207,230,235 CMYK=23,4,9,0

行装饰，并在前方设置了一个实木材质的指示牌，采用手写字体刻画出酒店的名称，使其在对空间进行装饰的同时，也起到了解释说明和视觉引导的作用。

- RGB=80,95,60 CMYK=72,56,85,19
- RGB=213,200,177 CMYK=21,22,31,0
- RGB=130,89,57 CMYK=54,67,84,15
- RGB=64,69,80 CMYK=80,72,60,24

这是一款酒店入口区域的空间设计。采用层次丰富、结构饱满的植物对空间进

2.3.2 通过符号进行引导

符号是酒店设计中常见的引导元素，在设计的过程中，可以通过各种各样的符号对空间的方位、属性等进行正确的引导。

的挂件对空间进行装饰，与地面上的地毯风格形成呼应，并配有文字对空间进行说明，简洁易懂的文字能够瞬间引起受众的共鸣。

- RGB=189,132,69 CMYK=33,54,79,0
- RGB=183,156,135 CMYK=34,41,46,0
- RGB=207,56,44 CMYK=23,91,88,0
- RGB=22,17,13 CMYK=84,82,86,72

这是一款酒店内客房入口处的空间设计。在门口的左侧采用带有民族风情

这是一款酒店内的指示牌设计。将刻有文字标识的指示牌悬挂在墙壁之上，金属光泽的指示牌通过灯光的照射使其在空间中更加突出，增强了指示牌的可见性。

■ RGB=23,18,14 CMYK=84,82,86,72
■ RGB=59,46,37 CMYK=72,75,82,51
▨ RGB=212,194,142 CMYK=22,24,49,0
■ RGB=93,108,115 CMYK=71,56,51,3

2.3.3　通过颜色进行引导

色彩具有先声夺人的作用，在酒店设计中，通过不同的色彩之间的区分与对比，来增强空间区域的视觉冲击力，起到一目了然的引导作用。

蜜的紫色调，将功能区域进行凸显，大胆的造型配以对比鲜明的色彩，使其能够瞬间抓住受众的注意力。

▨ RGB=213,94,147 CMYK=21,76,18,0
　 RGB=237,221,205 CMYK=9,16,20,0
▨ RGB=172,186,215 CMYK=38,24,8,0
■ RGB=139,76,88 CMYK=53,79,58,7

这是一款酒店内餐厅区域的空间设计。空间以白色为底色，通过浪漫而又甜

厚重的空间氛围。利用蓝色的圆形地毯将休息座椅以组的形式进行划分，在装饰空间的同时，也通过色彩的对比增强了空间的视觉冲击力。

■ RGB=76,112,178 CMYK=76,56,10,0
■ RGB=171,120,95 CMYK=41,59,63,1
■ RGB=95,68,61 CMYK=64,73,72,29
■ RGB=24,21,20 CMYK=84,82,82,69

这是一款酒店内餐厅区域的空间设计。空间以实木材质为主，营造出温馨、

2.3.4　通过灯光进行引导

灯光是酒店设计中可塑性极强的应用元素，除了将空间进行照亮以外，还可以起到装饰空间、划分区域、突出重点等作用。

这是一款酒店内餐厅就餐区域的空间设计。灯光主色调沉稳复古，在中心区域，

设置亮黄色的灯光将酒柜区域进行凸显，通过灯光强烈的明暗对比和色彩对比，增强了空间的视觉冲击力，使其在空间中尤为突出。

■ RGB=234,204,58 CMYK=15,21,82,0
■ RGB=30,20,15 CMYK=80,82,87,70
■ RGB=197,155,113 CMYK=29,43,57,0
■ RGB=127,93,65 CMYK=56,65,78,13

这是一款酒店通往码头的走廊设计。在台阶左右两侧设置小射灯，黑色的灯体将空间的区域进行明确划分，并与天花板上的灯光元素相呼应。暖色调的灯光在照亮行进路线的同时也作为视觉引导，一举多得。

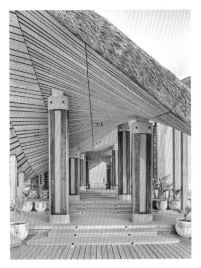

■ RGB=196,161,109 CMYK=29,40,610,0
■ RGB=195,176,156 CMYK=26,32,38,0
■ RGB=91,69,55 CMYK=65,70,77,31
■ RGB=125,124,47 CMYK=60,48,99,4

展示区域每一个置物框架的下方都设有白色的灯带，使该区域在暖色调的空间中更加显眼。天花板上内置的暖黄色射灯向下进行照射，形成扩散式的光照效果，引导受众的视线。

■ RGB=192,164,126 CMYK=31,38,52,0
■ RGB=108,75,55 CMYK=59,70,80,25
■ RGB=98,96,101 CMYK=69,62,55,7
■ RGB=251,243,229 CMYK=2,6,12,0

这是一款酒店客房内的餐厅设计。在

2.4 环境心理学

环境心理学是心理学的一个分支，用于研究环境对于人的心理和行为的关系、影响等因素。将环境心理学应用于酒店设计中，是通过对酒店内各种空间合理化的利用与设计，打造出更加完善、更加人性化的空间效果。

2.4.1　受众在环境中的视觉界限

人眼的视觉范围是有限的。在酒店设计中，要想使空间更加美观化，装饰元素的应用更加合理化，首先要明确受众在空间中的视觉范围，根据人眼对周遭环境的感受能力，合理地规划元素的陈列方式与位置，使空间的整体效果更加得体。

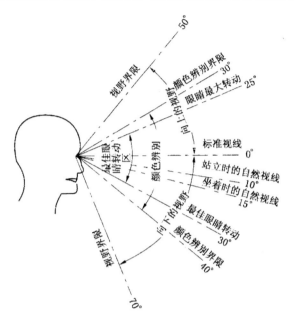

2.4.2　注重酒店设计的系统性

随着酒店行业的不断发展，主题酒店、民宿行业层出不穷，但无论酒店客房等区域的内部风格如何多元化，酒店的整体风格还是需要统一规划的。在酒店设计的过程中，风格的系统性可以通过若干个子系统的统一设计来体现，使空间更加统一化、整体化。

2.4.3　图形与形状传递给受众的视觉印象

图形与形状是酒店设计中常用的装饰元素，不同属性的图形与形状元素会为空间营造出不一样的风格与氛围。如：

矩形、三角形、直线等：使空间更加平稳、坚固、规整。

圆形、曲线、浪线等：使空间更加生动、浪漫、温馨。

不规则图形：使空间更具变化效果，增强空间的设计感。

2.4.4 空间环境对受众心理的影响

　　不同风格的空间效果会为受众带来不同的心理感受，通过视觉、听觉、嗅觉、触觉等元素直击受众内心，使其内心跟随空间的不同效果而产生变化。

第**3**章 酒店设计的基础色

　　色彩是所有设计中较为敏感的一种设计元素。在酒店设计的过程中，色彩应用的好坏会直接影响到用户的体验感，因此，在设计时要了解色彩的情感属性，掌握好色彩之间的搭配关系，只有这样才能设计出精致且令人身心愉悦的居住空间。

　　◆ 红色是比较温暖的颜色，在空间中展现会流露出一股暖流，给人一种温馨、亲切的视觉效果。

　　◆ 黄色能够给人带来轻快且充满活力的视觉效果，在众多颜色中，黄色是最为抢眼的颜色。

　　◆ 绿色是自然界中最常见的颜色，将绿色应用在展示陈列作品中，能够为空间增添自然的气息。

　　◆ 蓝色总能让人们联想到天空和海洋，极具包容力，在空间中应用蓝色，会给人们带来安全、冷静、沉淀、平和的视觉效果。

3.1 红

3.1.1 认识红色

红色：三原色之一的红色，是一种极具个性化的色彩，在空间中极易引起人们的注意，因此在许多警告标记或是重点突出的元素设计中，经常有红色的身影。

色彩情感：热情、积极、生动、活泼、紧张、死亡、温暖、喜庆、停止、死亡、冲动。

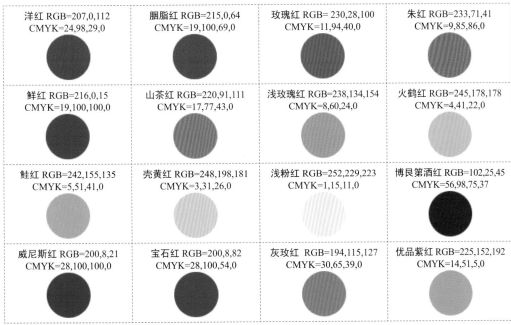

洋红 RGB=207,0,112 CMYK=24,98,29,0	胭脂红 RGB=215,0,64 CMYK=19,100,69,0	玫瑰红 RGB=230,28,100 CMYK=11,94,40,0	朱红 RGB=233,71,41 CMYK=9,85,86,0
鲜红 RGB=216,0,15 CMYK=19,100,100,0	山茶红 RGB=220,91,111 CMYK=17,77,43,0	浅玫瑰红 RGB=238,134,154 CMYK=8,60,24,0	火鹤红 RGB=245,178,178 CMYK=4,41,22,0
鲑红 RGB=242,155,135 CMYK=5,51,41,0	壳黄红 RGB=248,198,181 CMYK=3,31,26,0	浅粉红 RGB=252,229,223 CMYK=1,15,11,0	博艮第酒红 RGB=102,25,45 CMYK=56,98,75,37
威尼斯红 RGB=200,8,21 CMYK=28,100,100,0	宝石红 RGB=200,8,82 CMYK=28,100,54,0	灰玫红 RGB=194,115,127 CMYK=30,65,39,0	优品紫红 RGB=225,152,192 CMYK=14,51,5,0

3.1.2　洋红 & 胭脂红

① 这是一款酒店楼梯环绕处洗手间的空间设计。
② 将卫生间的门和扶手栏杆处全都设置成洋红色，华丽梦幻，搭配灰色的墙壁，为空间营造出亲切、浪漫的空间氛围。
③ 墙壁上横向的条纹错落有致，丰富了空间的层次感与空间感。

① 这是一款民宿客厅处的空间设计。
② 空间以胭脂红为主色，鲜艳夺目且富有感染力，搭配蓝色和黄色，通过丰富的色彩搭配，增强空间的视觉冲击力。
③ 空间色彩跳跃大胆，布局饱满亲切，为来往的旅人营造出温馨、热情的空间氛围。

3.1.3　玫瑰红 & 朱红

① 这是一款酒店客房的空间设计。
② 空间以玫瑰红为主色，热情而浪漫，是一种深受女性喜爱的颜色。
③ 空间没有过多的色彩相搭配，以纯净的白色作为底色，营造出纯粹而富有艺术气息的空间氛围。

① 这是一款酒店走廊区域的空间设计。
② 空间以朱红色为主色，鲜亮且富有激情，营造出活跃、灵动的空间氛围。
③ 空间以黑白灰作为底色，无彩色系的配色方案使空间低调而沉稳，可以更好地衬托墙壁的色彩，并将墙壁的右侧设置成镜面，将空间进行反射的同时也避免了左右两侧墙面都是耀眼的颜色所带来的视觉疲劳。

3.1.4　鲜红 & 山茶红

1 这是一款酒店大厅休息区域的空间设计。
2 沉稳低调的深咖啡色搭配艳丽绚烂的鲜红色，并配以不同明度的蓝色作为点缀，在稳重低沉的空间中增添了一抹活力与热情。
3 将英国本地国旗元素印在抱枕上作为空间的装饰元素，营造出浓厚的地域风情。

1 这是一款酒店浴室处的空间设计。
2 浴室的背景以山茶红为主色，优雅温和，为空间营造出温暖惬意的空间氛围。
3 山茶红的瓷砖背景层层叠加，纹理清晰且错落有致，为空间营造出丰富的层次感与空间感。

3.1.5　浅玫瑰红 & 火鹤红

1 这是一款酒店卫生间处的空间设计。
2 浅玫瑰红活泼而不失温暖，优雅又不失俏皮，与浅水墨蓝相搭配，打造时尚前卫，且充满温暖气息的空间氛围。
3 空间色调温馨明亮，取材温暖舒适，搭配绿色的植物，营造出清新舒适的空间氛围。

1 这是一款酒店浴室处的空间设计。
2 浴室的背景以山茶红为主色，优雅温和，为空间营造出温暖惬意的空间氛围。
3 山茶红的瓷砖背景层层叠加，纹理清晰且错落有致，为空间营造出丰富的层次感与空间感。

3.1.6 鲑红 & 壳黄红

① 这是一款酒店客房客厅处的空间设计。
② 鲑红色是一种低调、内敛且富有内涵的色彩，将其设置成墙面的颜色，为空间营造出甜美、温和的空间氛围。
③ 与蓝色系的沙发搭配在一起，整体氛围柔和而稳重，为旅客营造出温馨、舒适的居住环境。

① 这是一款酒店大堂处的空间设计。
② 空间打破常规，以温和且甜蜜的壳黄红为主色，使人眼前一亮。
③ 墙壁上混凝土板与抛光大理石地板形成精致与粗糙的鲜明对比，为受众带来强烈的视觉冲击。

3.1.7 浅粉红 & 博艮第酒红

① 这是一款客房内客厅区域的空间设计。
② 浅粉红是一种浪漫的色彩，温柔甜美，在空间中能够营造出柔和舒适的空间氛围。
③ 空间色彩丰富且柔和，通过低饱和度的浅粉红色，搭配孔雀蓝和爱丽丝蓝，营造出清新、柔和的空间氛围。

① 这是一款酒店客房内一角处的空间设计。
② 空间的座椅以博艮第酒红为主色，其色泽浓郁而深邃，低明度的色彩为空间营造出华丽且复古的空间氛围。
③ 搭配毛绒地毯和半透明的白色透光窗帘，为旅人营造出舒适、惬意的休闲空间。

3.1.8　威尼斯红 & 宝石红

1. 这是一款酒店大厅处的空间设计。
2. 将中心处的椅子设置成高明度的威尼斯红，饱满且富有激情，搭配蓝色、金黄色和锦葵紫，营造出时尚前卫，富有个性化的空间效果。
3. 中心处的椅子造型独特，搭配天花板上悬挂随意且带有文字的标识牌，营造出氛围轻松活跃而明亮的等候区域。

1. 这是一款酒店客房的空间设计。
2. 空间以鲜艳的宝石红为主色，搭配纯净的白色，营造出鲜艳且富有活力的空间氛围。
3. 将卧室的背景墙设置成地图，丰富、充实且富有设计感，并通过宝石红色的标识表明所在位置，与空间的主色相互呼应。

3.1.9　灰玫红 & 优品紫红

1. 这是一款酒店客房的空间设计。
2. 将窗帘设置成灰玫红，给人一种低调、平和的视觉效果，低明度的色彩搭配80%炭灰，营造出宁静、安适的空间氛围。
3. 通过床头上圆形的镜子和抱枕上相互交替的多边形灯元素对空间进行装饰，图形元素的应用使空间的氛围更加轻松、活跃。

1. 这是一款酒店走廊处的空间设计。
2. 优品紫红平和温顺、优雅宜人。将天花板设置成优品紫红，与无彩色系的黑、白、灰相搭配，营造出醇厚、温暖的空间氛围。
3. 将线条元素贯穿整个空间，使空间的层次感更加强烈。

第3章 酒店设计的基础色

31

3.2 橙

橙色：橙色是欢快活泼的色彩，是暖色系中最为温暖的颜色，在酒店设计中，橙色的应用总能使空间熠熠生辉。

色彩情感：华丽、明亮、亲切、收获、兴奋、活跃、辉煌。

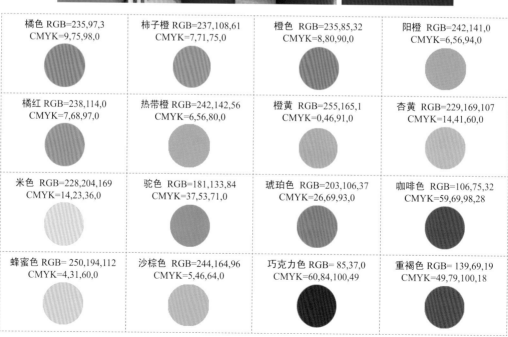

橘色 RGB=235,97,3 CMYK=9,75,98,0	柿子橙 RGB=237,108,61 CMYK=7,71,75,0	橙色 RGB=235,85,32 CMYK=8,80,90,0	阳橙 RGB=242,141,0 CMYK=6,56,94,0
橘红 RGB=238,114,0 CMYK=7,68,97,0	热带橙 RGB=242,142,56 CMYK=6,56,80,0	橙黄 RGB=255,165,1 CMYK=0,46,91,0	杏黄 RGB=229,169,107 CMYK=14,41,60,0
米色 RGB=228,204,169 CMYK=14,23,36,0	驼色 RGB=181,133,84 CMYK=37,53,71,0	琥珀色 RGB=203,106,37 CMYK=26,69,93,0	咖啡色 RGB=106,75,32 CMYK=59,69,98,28
蜂蜜色 RGB=250,194,112 CMYK=4,31,60,0	沙棕色 RGB=244,164,96 CMYK=5,46,64,0	巧克力色 RGB=85,37,0 CMYK=60,84,100,49	重褐色 RGB=139,69,19 CMYK=49,79,100,18

3.2.2　橘色 & 柿子橙

① 这是一款酒店大厅等候区域的空间设计。

② 橘色是一种华丽中带有一丝热情的色彩，鲜亮夺目，将空间中的沙发设置成橘色，使其在空间中尤为突出，能够瞬间抓住受众的眼球。

③ 空间视线开阔，天花板上的射灯既有照明作用，又能引导视线，还能引导行进路径。

① 这是一款酒店客房的空间设计。

② 柿子橙是一种明媚且亮丽、高端且华贵的色彩，在空间中将其与白色和深咖啡色相搭配，营造出精致而富丽的空间氛围。

③ 床头处大面积的壁画动感十足，且富有浓厚的艺术气息。

3.2.3　橙色 & 阳橙

① 这是一款酒店大楼外观的空间设计。

② 橙色是热情而温暖的色彩，并且在空间中显得格外耀眼，将酒店的外观以橙红色为主色，可以使其在空间之中脱颖而出。

③ 空间搭配白色和深灰色，能够将鲜亮的颜色进行中和，避免太过耀眼的色彩使人们审美疲劳。

① 这是一款酒店客厅区域的空间设计。

② 将沙发设置成阳橙色，温暖且充满活力，与浅黄色的地毯相搭配，使空间的整体氛围和谐统一。

③ 空间将精致的黑色橱柜与粗糙的天花板墙面相结合，打造个性化空间氛围。

3.2.4 橘红 & 热带橙

① 这是一款酒店内就餐区域的空间设计。
② 空间将椅子的橘红色作为主色，鲜艳夺目，不仅能够活跃空间的氛围，还能起到增强食欲的作用。
③ 墙面上的大理石纹理优雅而独特，与椅子的风格形成鲜明的对比，可以增强空间的视觉冲击力。

① 这是一款酒店客房的空间设计。
② 空间以纯净的白色为主色，搭配鲜艳而又愉悦的热带橙，使空间整体氛围明净而又不失热情。
③ 在空间多处位置摆放绿色的植物，营造自然、清新的空间氛围。

3.2.5 橙黄 & 杏黄

① 这是一款酒店客房的空间设计。
② 将天鹅绒材质的沙发设置为橙黄色，鲜亮而华贵，搭配天鹅绒材质的翡翠绿饰面，使看上去典雅而高贵。
③ 通过手工缝制的地毯和古老破旧的地板，为空间带来一丝复古的气氛，并营造出温暖且温馨的视觉效果。

① 这是一款酒店大厅等候区域的空间设计。
② 将空间的背景设置成杏黄色，优雅而甜蜜，搭配琥珀色的沙发座椅，同色系的配色方案为空间营造出和谐统一的温馨之感。
③ 墙壁上内嵌式的展示架以实木为原材料，为空间营造出温馨且温暖的空间氛围。

3.2.6　米色 & 驼色

1. 这是一款酒店内餐厅用餐区域的空间设计。
2. 米色是一种温暖且纯净的颜色，空间以米色为主色，搭配深棕色和实木色，营造出温馨舒适且平易近人的空间氛围。
3. 印花的椅子丰富了简约而纯净的空间，同时也通过柔和的配色使空间整体看上去更加温和。

1. 这是一款酒店客房处的空间设计。
2. 驼色是一种庄重而温和的色彩，空间以驼色为主色，并配以黄色系的灯光将空间照亮，营造出温馨、舒适的空间氛围。
3. 空间将奢华重新定义，采用丝绸地毯和羊绒毛毯对房间进行装饰，尽显稳重、豪华。

3.2.7　琥珀色 & 咖啡色

1. 这是一款酒店大堂处的空间设计。
2. 琥珀色是一种浓郁且带有一丝复古气息的色彩，空间中琥珀色的沙发在灰色调的沉稳、平和的空间氛围中显得格外显眼。
3. 外漏的金属架与边缘处裸露的水泥墙为空间营造出粗犷且硬朗的氛围。

1. 这是一款酒店就餐区域的空间设计。
2. 将餐桌、吧台等地方的家具设置成为咖啡色，浓郁的色泽搭配微弱的黄色系灯光，营造出温馨而安稳的就餐空间。
3. 通过色彩的烘托，空间的氛围低沉而深厚，因此将座椅设置成以白色为底色、带有花朵的纹理图案，装饰空间的同时，也活跃了空间的气氛。

3.2.8　蜂蜜色 & 沙棕色

① 这是一款酒店走廊处的空间设计。

② 空间以蜂蜜色为主，灵动温婉、平和温顺，为色彩浓厚且深邃的空间添加一抹亮色，使空间氛围更加鲜活灵动。

③ 墙壁两侧的金属板相对而立，左右对称，形成两个微微下陷的曲面，仿佛一个巨大的磁场。黑白相间的图形纹理具有指向性，与金属板相互呼应，使空间具有丰富的流动性。

① 这是一款酒店内就餐区域的空间设计。

② 沙棕色是一种热情且充满活力的色彩，在装饰空间的同时，还可以增进消费者的食欲，一举两得。

③ 在每个座位的上方都设置了壁灯，并在沙发座椅上设有靠背和靠垫，增强了用户体验的舒适感。

3.2.9　巧克力色 & 重褐色

① 这是一款酒店内客房的空间设计。

② 房屋内的床尾巾采用巧克力色，深厚而沉稳，搭配柔和的灰色调，与房间内的一些工业元素相得益彰。

③ 空间采用羊毛地毯、皮革、织物和木材材质，营造出舒适、温馨的空间氛围。

① 这是一款酒店客房的空间设计。

② 重褐色是一种而纯净而稳重的色彩，深厚的颜色在空间中能够为人们带来和谐而舒适的氛围。

③ 该客房的设计核心来源于经典的乡村住宅，通过富有民族特色的装饰元素，营造出低调而安逸的空间效果。

3.3 黄

3.3.1 认识黄色

黄色：黄色是最为抢眼的颜色，具有强烈的传递效果，在空间中能够向人们传递欢快、积极的氛围，使氛围更加活跃。

色彩情感：轻快、明亮、闪耀、辉煌、希望、轻薄、积极、活跃、华贵、阳光、危险。

黄 RGB=255,255,0 CMYK=10,0,83,0	铬黄 RGB=253,208,0 CMYK=6,23,89,0	金 RGB=255,215,0 CMYK=5,19,88,0	香蕉黄 RGB=255,235,85 CMYK=6,8,72,0
鲜黄 RGB=255,234,0 CMYK=7,7,87,0	月光黄 RGB=155,244,99 CMYK=7,2,68,0	柠檬黄 RGB=240,255,0 CMYK=17,0,84,0	万寿菊黄 RGB=247,171,0 CMYK=5,42,92,0
香槟黄 RGB=255,248,177 CMYK=4,3,40,0	奶黄 RGB=255,234,180 CMYK=2,11,35,0	土著黄 RGB=186,168,52 CMYK=36,33,89,0	黄褐 RGB=196,143,0 CMYK=31,48,100,0
卡其黄 RGB=176,136,39 CMYK=40,50,96,0	含羞草黄 RGB=237,212,67 CMYK=14,18,79,0	芥末黄 RGB=214,197,96 CMYK=23,22,70,0	灰菊黄 RGB=227,220,161 CMYK=16,12,44,0

3.3.2　黄 & 铬黄

❶ 这是一款酒店内浴室的空间设计。

❷ 黄色给人一种轻快且充满活力的视觉效果，将其设置在卫生间内，与空间平淡的色彩形成鲜明的对比。

❸ 将浴室的墙壁设置成格子纹理，在装饰空间的同时也为空间营造出丰富的空间感。

❶ 这是一款酒店客房的空间设计。

❷ 将台灯、座椅和抱枕均设置为铬黄色，使这三个元素在空间中相互呼应，并营造出愉悦、轻快的空间氛围，使空间充满了活力。

❸ 空间充分利用点、线、面元素对沙发、台灯和背景墙进行装饰，使狭小的空间充满了活力。

3.3.3　金 & 香蕉黄

❶ 这是一款酒店内吧台区域的空间设计。

❷ 将吊灯灯牌设置成鲜艳明亮的金色，精致夺目，使空间的氛围更加鲜明活跃。

❸ 将空间的背景设置成绿色色调，自然亲切、春意盎然，搭配大量的曲木、藤条、柳条等元素，使空间更加贴近于自然。

❶ 这是一款酒店就餐区域的空间设计。

❷ 空间将隔断和桌子底座设置成香蕉黄，温暖舒适、明亮跳跃，将低饱和度的空间进行提亮。

❸ 利用简单的线条作为空间的隔断，搭配色泽活跃的香蕉黄，使空间动感十足。

3.3.4　鲜黄 & 月光黄

① 这是一款酒店客房处的空间设计。

② 鲜黄色鲜艳夺目，在空间中能够瞬间抓住受众的眼球，将其设置为空间的主色，打造鲜活、灵动的居住环境。

③ 配以皇室蓝作为点缀，在丰富空间氛围的同时，营造出强烈的视觉冲击力。

① 这是一款酒店屋顶露台处的空间设计。

② 将座椅设置成月光黄，清新柔和、淡雅明快，与室外的绿色植物相搭配，营造出清凉、新鲜、自然的空间氛围。

③ 在墙围处通过简单的线条和圆形图案组合而成的卡通图案，使空间氛围更加活泼可爱。

3.3.5　柠檬黄 & 万寿菊黄

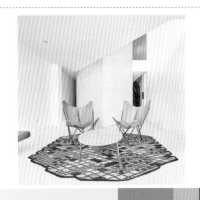

① 这是一款酒店餐厅门厅入口处的空间设计。

② 将背景的柱子设置成柠檬黄色，鲜亮且富有活力、活泼却不急躁，使空间氛围更加生动活泼。

③ 空间宽敞明亮，配色新奇大胆，为来往就餐的人群营造出自然、清新的就餐氛围。

① 这是一款酒店卧室的空间设计。

② 在以黑色和白色为底色的空间中，将床体设置成万寿菊黄，使其成为空间中最为亮眼的颜色，在活跃空间氛围的同时，也为空间营造出鲜明且富有活力的氛围。

③ 地毯上采用菱形的纹理，使空间的氛围更加活跃。

3.3.6 　香槟黄 & 奶黄

❶ 这是一款酒店客厅区域的空间设计。

❷ 空间以香槟黄为主色，轻柔而平静，搭配深实木色的地板，使空间的整体氛围更加稳重、温馨。

❸ 空间面积虽小，却通过大面积的玻璃门使室内的视线更加开阔。

❶ 这是一款酒店起居室的空间设计。

❷ 将沙发设置成奶黄色，与重褐色相搭配，温顺优雅、平和沉静。空间以灰色作为底色，并采用暖色系的配色方案，打造简朴、舒适的空间氛围。

❸ 空间整体氛围简约、沉静，将茶几设置成矩形，与不加修饰的墙面在形状上相互呼应，使空间具有强烈的几何感。

3.3.7 　土著黄 & 黄褐

❶ 这是一款酒店内电梯处的空间设计。

❷ 空间采用土著黄作为主色，沉稳内敛、低调平和，营造出一种宽厚、宁静的空间氛围。

❸ 采用金属网格对空间进行装饰，并在空间的上方搭配隐蔽的灯带，使整体效果神秘而深邃，在电梯按钮旁边设有指示牌，具有明确的解释说明作用。

❶ 这是一款酒店电梯厅处的空间设计。

❷ 黄褐色温暖醇厚，平和安静，为空间营造出稳重、安定的空间氛围，与橘黄色的沙发相搭配，使空间的氛围更加和谐统一。

❸ 空间并没有采用大型的吊灯，而是在天花板的边缘处和电梯口处设有精致的射灯，营造出沉稳、深邃的空间氛围。

3.3.8　卡其黄 & 含羞草黄

① 这是一款酒店客房内健身区域的空间设计。
② 将空间的背景设置成卡其黄色，营造出平稳、含蓄的空间氛围。搭配浅灰色的地毯，柔和而沉静，使人们能够静下心来。
③ 空间搭配简约而干练，在墙壁上设置一个简单的置物架，兼顾了功能性和装饰性。

① 这是一款酒店客房处的空间设计。
② 将床头后方的背景色设置成含羞草黄，营造出愉悦、明亮的空间氛围。搭配平和低调的灰色，将高明度的含羞草黄进行中和，使空间的氛围更加柔和平稳，温暖自然。

3.3.9　芥末黄 & 灰菊黄

① 这是一款酒店起居室的空间设计。
② 将沙发设置成芥末黄，去掉了黄色的刺眼，同时也保留了黄色的俏丽，明亮悦眼，泛着微微的绿色，提亮空间色彩的同时，也为空间添加几分柔美的质感。
③ 空间通过简单的线条和简约的配色，营造出沉稳且时尚的空间氛围。

① 这是一款酒店内健身区域的空间设计。
② 将空间的背景设置成灰橘黄色，鲜亮且不失沉稳，通过渐变的色彩为空间注入活力，使健身空间的气氛更加活跃。
③ 将天花板上的灯光整齐地进行排列，并附有文字进行装饰，使空间整体律动感十足。

3.4 绿

3.4.1 认识绿色

绿色：绿色是一种与大自然紧密相关的自然色彩，也可通过青色和黄色调节而成，为空间营造出自然、清新、舒适的氛围。

色彩情感：自然、环保、平静、舒适、宁静、安全、顺畅、生机、青春。

黄绿 RGB=216,230,0 CMYK=25,0,90,0	苹果绿 RGB=158,189,25 CMYK=47,14,98,0	墨绿 RGB=0,64,0 CMYK=90,61,100,44	叶绿 RGB=135,162,86 CMYK=55,28,78,0
草绿 RGB=170,196,104 CMYK=42,13,70,0	苔藓绿 RGB=136,134,55 CMYK=46,45,93,1	芥末绿 RGB=183,186,107 CMYK=36,22,66,0	橄榄绿 RGB=98,90,5 CMYK=66,60,100,22
枯叶绿 RGB=174,186,127 CMYK=39,21,57,0	碧绿 RGB=21,174,105 CMYK=75,8,75,0	绿松石绿 RGB=66,171,145 CMYK=71,15,52,0	青瓷绿 RGB=123,185,155 CMYK=56,13,47,0
孔雀石绿 RGB=0,142,87 CMYK=82,29,82,0	铬绿 RGB=0,101,80 CMYK=89,51,77,13	孔雀绿 RGB=0,128,119 CMYK=85,40,58,1	钴绿 RGB=106,189,120 CMYK=62,6,66,0

3.4.2　黄绿 & 苹果绿

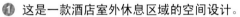

① 这是一款酒店室外休息区域的空间设计。

② 空间以黄绿色为主色，轻盈明快、春意盎然，搭配实木的座椅和桥梁，打造自然、舒适的空间氛围。

③ 酒店室外区域的建设既是对空间的装点，也是对酒店的宣传，因此鲜艳清新的色彩能够使其在空间之中脱颖而出。

① 这是一款酒店就餐区域的空间设计。

② 将座椅设置成苹果绿，青翠却不张扬，与实木色相搭配，营造出温馨、自然的就餐氛围。

③ 裸露的砖墙粗犷有力，与精致的桌椅形成鲜明的对比，形成强烈的视觉冲击力。

3.4.3　墨绿 & 叶绿

① 这是一款酒店内餐厅就餐区域的空间设计。

② 墨绿色是一种深邃而沉稳的色彩，搭配丝绒材质，使空间充斥着高贵、复古的氛围。采用深红色和草绿色作为辅助色，使空间氛围更加饱满、浓郁。

③ 空间色彩丰富，通过将低饱和度的色彩搭配在一起，营造出高雅、神秘的气息。

① 这是一款酒店大堂处的空间设计。

② 叶绿色是一种来源于大自然的色彩，将其设置为空间的主色，使空间富有勃勃生机，清新自然。

③ 无论是颜色还是材料，均取材于大自然，通过实木家具为空间营造出自然、舒适的空间氛围。

④ 在天花板上悬挂的装饰物生动有趣，使空间充满了生机与活力。

3.4.4 草绿 & 苔藓绿

① 这是一款酒店休息交谈区域的空间设计。

② 草绿色是一种来源于大自然的色彩,清新且富有活力。将沙发设置成草绿色,搭配孔雀绿色的地毯,同色系的配色方案增强了空间的层次感,并使氛围和谐统一。

③ 深实木色的家具搭配米色的座椅和窗帘,使活泼的空间看上去更加温馨舒适。

① 这是一款酒店客房处的空间设计。

② 将床头处的背景设置成苔藓绿,并配以不同明度、纯度的绿色,为空间营造出高雅、沉稳,且充满自然气息的空间氛围。

③ 窗纱洁白而纯净,与床上用品和空间的背景颜色相互呼应,使空间出尘脱俗、优雅平和。

3.4.5 芥末绿 & 橄榄绿

① 这是一款酒店就餐区域的空间设计。

② 芥末绿是一种清新而又温暖的颜色,能够让人感受到春天般的温暖,将芥末绿贯穿整个空间,为人们营造出自然的气息。

③ 天花板上的灯光样式丰富,线条柔和灵动,使空间的整体氛围活泼且富有动感。

① 这是一款酒店内餐厅就餐区域的空间设计。

② 低饱和度的橄榄绿与具有光泽感的油漆材质相搭配,使得空间简约却不沉闷。

③ 外侧的围栏与内侧的门窗在形状上形成呼应,使就餐区域得以突出。

3.4.6　枯叶绿 & 碧绿

① 这是一款酒店中庭休息处的空间设计。

② 将座椅设置成枯叶绿，祥和安静、低调温顺，与黄铜色和实木色相搭配，营造出温馨且舒适的空间氛围。

③ 天花板上悬挂的实木材质装饰元素在起到装饰作用的同时，还能够丰富空间的氛围，使空间效果更加活跃。

① 这是一款酒店内餐厅就餐区域的空间设计。

② 空间配色沉稳平和，将餐桌上方的吊灯设置为碧绿色，点亮空间，使整个空间不再沉闷。

③ 门口处橙色的壁纸图案引人入胜，进一步活跃了空间的氛围。

3.4.7　绿松石绿 & 青瓷绿

① 这是一款酒店客房沙发区域的空间设计。

② 绿松石绿活泼且青翠，是一种贴近于大自然的色彩，在空间中，将绿松石绿与实木色相搭配，通过来源于大自然的色彩为空间营造出清新、温暖的空间氛围。

③ 浅灰色的地毯低调且柔和，搭配简单的家具和配饰，打造温暖且简约的休息空间。

① 这是一款酒店客房处的空间设计。

② 空间将床单和枕头设置成青瓷绿，清新且愉悦，与实木色的家具相搭配，采用来自大自然的颜色，为空间营造出自然、清新的空间氛围。

③ 采用玻璃门将房屋内外分割开来，既起到很好的规划作用，又能够使室内光线更加开阔，让住户能够在室内欣赏到窗外的美景。

3.4.8 孔雀石绿 & 铬绿

❶ 这是一款客房内卫生间的空间设计。
❷ 孔雀石绿高贵优雅，将其设置成空间的主色，与纯净的白色相搭配，为空间营造出纯净且典雅的空间氛围。
❸ 空间通过简单、纯净的配色和清晰流畅的线条，打造简约且充满现代气息的空间氛围。

❶ 这是一款酒店客房的空间设计。
❷ 将空间的背景设置成铬绿色，色彩明度较低，为旅人打造安静、平和的空间氛围。
❸ 空间色彩丰富，右侧不加修饰的天花板和裸露的砖墙与左侧精致的浴缸和吊灯形成鲜明的对比。

3.4.9 孔雀绿 & 钴绿

❶ 这是一款酒店客房处的空间设计。
❷ 将空间的框架设置成孔雀绿色，高雅浓郁，搭配深浅不一的实木色家具，为空间营造出自然、沉稳的空间氛围。
❸ 通过横向的线条为空间增添了纵深感，使空间整体看上去更加宽阔。

❶ 这是一款酒店内厨房的空间设计。
❷ 空间打破常规，将厨房的背景设置成钴绿色，淡雅清新，为空间营造出自然、柔和的氛围。
❸ 厨房以外的白色墙壁和实木色地板相搭配，使空间氛围更加温馨、舒适。

3.5 青

3.5.1 认识青色

青色：青色是一种比较难以界定的颜色，可以将它理解成发蓝的绿色或是发绿的蓝色，清爽却不单调，是一种极具内涵的色彩。

色彩情感：精致、高贵、优雅、神秘、沉稳、纯净、醒目。

青 RGB=0,255,255
CMYK=55,0,18,0

铁青 RGB=82,64,105
CMYK=89,83,44,8

深青 RGB=0,78,120
CMYK=96,74,40,3

天青 RGB=135,196,237
CMYK=50,13,3,0

群青 RGB=0,61,153
CMYK=99,84,10,0

石青 RGB=0,121,186
CMYK=84,48,11,0

青绿 RGB=0,255,192
CMYK=58,0,44,0

青蓝 RGB=40,131,176
CMYK=80,42,22,0

瓷青 RGB=175,224,224
CMYK=37,1,17,0

淡青 RGB=225,255,255
CMYK=14,0,5,0

白青 RGB=228,244,245
CMYK=14,1,6,0

青灰 RGB=116,149,166
CMYK=61,36,30,0

水青 RGB=88,195,224
CMYK=62,7,15,0

藏青 RGB=0,25,84
CMYK=100,100,59,22

清漾青 RGB=55,105,86
CMYK=81,52,72,10

浅葱青 RGB=210,239,232
CMYK=22,0,13,0

3.5.2　青 & 铁青

❶ 这是一款酒店客房的空间设计。
❷ 将窗纱设置成青色，纱质能够降低色彩的饱和度，使青色的窗纱看上去平和而柔软。
❸ 空间布局呈左右对称式，在中间摆放圆桌和座椅，打破左右两侧的隔阂，使空间氛围更加亲密温馨。

❶ 这是一款酒店内交谈区域的空间设计。
❷ 铁青色是一种深邃而沉静的颜色，将其设置成沙发的颜色，营造出平和、安稳的空间氛围，在空间加以红色和黄色作为点缀，打造空间的活跃感。
❸ 空间采用白色的半透明窗帘，减弱室外照射进来的光线，打造舒适宜人的空间氛围。

3.5.3　深青 & 天青

❶ 这是一款酒店客房的空间设计。
❷ 深青色是一种安稳的颜色，将其设置成空间的主色，使居住的旅人拥有十足的安全感，并带来平和的情绪。
❸ 空间配色和谐，加以白色和深灰色作为点缀，并配以黄色系的壁灯将空间点亮，使空间氛围更加温馨、舒适。

❶ 这是一款酒店公共卫生间和浴室的空间设计。
❷ 天青色清凉爽朗，将地面设置成天青色与白色相间的纹理，与浴室的氛围相互呼应，打造出清澈纯净的空间效果。
❸ 与实木色相搭配，通过冷暖交替的色彩为空间营造出更加舒适平和的氛围。

3.5.4　群青 & 石青

① 这是一款酒店内公共休息区域的空间设计。

② 群青色是一种高雅且带有一丝复古气息的色彩，空间将沙发设置成群青色，并采用天鹅绒材质，打造高雅且华贵的空间氛围。

③ 空间的整体风格细腻而整洁，实木地板和置物柜为空间带来了一丝自然亲切的氛围。

① 这是一款酒店浴室内的空间设计。

② 以石青色为主色，稳重大气，使空间的整体氛围深邃而安定，搭配白色和深实木色，打造出低调而温馨的空间效果。

③ 空间以白色为底色，点亮了空间深沉的色彩，为空间增添了一份纯净与平和。

3.5.5　青绿 & 青蓝

① 这是一款酒店内客厅的空间设计。

② 在沉稳厚重的空间中，将座椅设置成青绿色，通过高明度和高饱和度的色彩使空间的氛围更加活跃。

③ 天花板和背景墙面采用不加修饰的砖墙，使空间营造出一种坚硬、牢固的视觉效果，与精致的椅子形成鲜明的对比。

① 这是一款酒店内酒吧吧台处的设计。

② 空间以青蓝色为主色，宁静、沉稳而豁达，搭配金色的墙壁和天花板，营造出低沉而稳重的空间氛围。

③ 由于空间色彩较为低沉，因此在天花板上悬挂明亮的灯光将空间点亮，并将金色的天花板照亮，营造出一丝华丽的视觉感。

3.5.6 瓷青 & 淡青

① 这是一款酒店客房的空间设计。

② 将空间的背景设置成瓷青色，清新而又青翠，使空间的氛围更加活跃。搭配深咖啡色和实木色等暖色调，将瓷青色的清凉氛围进行中和，营造出温馨且时尚的居住环境。

③ 空间中灯光明亮、造型多变，在照亮空间的同时，还能够起到装饰性的作用。

① 这是一款青年旅社内客房的空间设计。

② 淡青色是一种纯净、优雅的颜色，空间采用淡青色系的渐变，营造出清爽、梦幻的空间氛围。

③ 渐变的背景墙上悬挂装饰性的照片，并贴心地在床头柜位置处悬挂简约的吊灯，营造出宾至如归的氛围。

3.5.7 白青 & 青灰

① 这是一款楼梯转角处的空间设计。

② 白青色纯净清澈，在白色的空间中展现，使空间的整体效果更加干净温馨。

③ 空间最大的特点就是墙面上弧形的造型，既能起到分割的作用，还能起到装饰性的作用，一举两得。

① 这是一款酒店入住区中休息区的空间设计。

② 中间文字的背景采用青灰色，营造高雅氛围的同时也渲染了一丝复古的气息，搭配黄色系的灯光、椅子和地毯纹路作为点缀，使空间看上去空间温馨、亲切。

③ 空间以中性色调和大量的精致细节打造优雅、高贵的空间氛围。

3.5.8 水青 & 藏青

1️⃣ 这是一款酒店楼梯口处的空间设计。

2️⃣ 水青色色彩鲜明，给人以清凉、沉稳的视觉效果。

3️⃣ 将线条作为空间主要的设计元素，通过线条之间的结合，创造出流畅且具有强烈视觉冲击力的空间效果。

1️⃣ 这是一款酒店客房处的空间设计。

2️⃣ 藏青色是一种沉稳而深邃的颜色，将床尾巾和床头背景设置成藏青色，与无彩色系中的黑、白、灰色相搭配，打造平和、稳重的空间氛围。

3️⃣ 在床尾处放置了白色毛绒座椅，使空间氛围更加华美精致。

3.5.9 清漾青 & 浅葱青

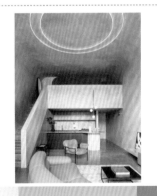

1️⃣ 这是一款酒店内四人套间的空间设计。

2️⃣ 将床板的背景色设置成清漾青，温和而平静，可以舒缓旅客的情绪，为旅客营造出更加舒心的休息空间。

3️⃣ 在门口处配以深红色的装饰物，为平和的空间添加一抹鲜艳的色彩，使空间氛围更加生动活泼。

1️⃣ 这是一款客房内客厅区域的空间设计。

2️⃣ 浅葱青纯度较低，如梦如幻，将其设置成沙发的颜色，并与万寿菊黄色的座椅相搭配，使空间氛围更加活跃。

3️⃣ 空间以"混凝土暗堡"为设计主题，将墙面设置成混凝土材质，与主题相互呼应，通过不加任何修饰的墙面为空间营造出深沉而平和的空间氛围。

3.6 蓝

3.6.1 认识蓝色

蓝色：蓝色是所有色彩中最为冷冽的颜色，纯洁而又冷静，通常会让人联想起天空、海洋、水、宇宙等，理性睿智、广阔沉稳。

色彩情感：科技、沉稳、广阔、深邃、寒冷、冷静、理智、忠诚、安全。

蓝 RGB=0,0,255 CMYK=92,75,0,0	天蓝 RGB=0,127,255 CMYK=80,50,0,0	蔚蓝 RGB=4,70,166 CMYK=96,78,1,0	普鲁士蓝 RGB=0,49,83 CMYK=100,88,54,23
矢车菊蓝 RGB=100,149,237 CMYK=64,38,0,0	深蓝 RGB=1,1,114 CMYK=100,100,54,6	道奇蓝 RGB=30,144,255 CMYK=75,40,0,0	宝石蓝 RGB=31,57,153 CMYK=96,87,6,0
午夜蓝 RGB=0,51,102 CMYK=100,91,47,9	皇室蓝 RGB=65,105,225 CMYK=79,60,0,0	浓蓝 RGB=0,90,120 CMYK=92,65,44,4	蓝黑 RGB=0,14,42 CMYK=100,99,66,57
爱丽丝蓝 RGB=240,248,255 CMYK=8,2,0,0	水晶蓝 RGB=185,220,237 CMYK=32,6,7,0	孔雀蓝 RGB=0,123,167 CMYK=84,46,25,0	水墨蓝 RGB=73,90,128 CMYK=80,68,37,1

3.6.2　蓝 & 天蓝

❶ 这是一款酒店内酒吧休息区域的空间设计。

❷ 空间以蓝色为主色，冷静睿智、鲜亮而纯洁，搭配橘红色沙发和红色窗帘，使空间通过两者之间的对比营造出强烈的视觉冲击力。

❸ 空间色彩丰富，活泼跳跃，使人身心愉悦。

❶ 这是一款酒店内就餐区域的空间设计。

❷ 空间以天蓝色为主色，鲜艳且精致，搭配火鹤红的地面，将鲜亮的天蓝色进行中和，为纯粹的空间增添了一丝柔和与温暖。

❸ 精致的座椅搭配不加修饰的天花板，营造出大胆且充满创意的工业风格。

3.6.3　蔚蓝 & 普鲁士蓝

❶ 这是一款酒店楼梯处的空间设计。

❷ 空间以蔚蓝色为主色，神秘而深邃，搭配深实木色，为空间营造出安稳、厚重、低调、平和的空间氛围。

❸ 在蔚蓝色的背景色上搭配白色和深棕色的灯光，好似眼睛的形态，使空间氛围更加生动活泼。

❶ 这是一款酒店内酒吧休息区域的空间设计。

❷ 将沙发设置成普鲁士蓝，安定而平和，搭配丝绒材质，使空间看上去更加温暖、稳重。

❸ 搭配橘红色的灯光将空间照亮，与低调平和的普鲁士蓝形成鲜明的对比，使空间的色彩更加丰富且有视觉冲击力。

3.6.4　矢车菊蓝 & 深蓝

① 这是一款酒店客房的空间设计。

② 矢车菊蓝是一种纯净而又宁静的色彩，空间采用不同明度和纯度的蓝色，在丰富空间的同时，也增强了空间的层次感。

③ 床头背景丰富、活泼且富有动感。配以黄色的床头柜作为点缀，使空间看上去更加鲜亮活泼。

① 这是一款酒店内，餐厅就餐区域的空间设计。

② 将沙发座椅设置成深蓝色，饱和度较高，高贵大气，沉稳内敛，与实木色相搭配，为高雅的空间增添了一丝柔和与稳重。

③ 在就餐区域可以观看到室外的美景，使旅客享受视觉和味觉的双重体验。

3.6.5　道奇蓝 & 宝石蓝

① 这是一款酒店客房处的空间设计。

② 道奇蓝是一种高明度、高饱和度的色彩，纯粹而又沉静，为空间营造出平和淡然的空间氛围。

③ 格子图案的床单采用深蓝、浅蓝和白色相结合，与电视下方的储存柜相互呼应。

① 这是一款酒店入口区域的空间设计。

② 将空间的背景设置成宝石蓝，空间将高明度的背景颜色与鲜亮的橙色系座椅相搭配，为空间打造十足的视觉冲击力。

③ 在室内外均摆设绿植，为狭小的空间增添无限的生机与活力。

3.6.6 午夜蓝 & 皇室蓝

❶ 这是一款酒店走廊处的空间设计。

❷ 空间的墙面以白色作为底色，并采用深邃的午夜蓝作为主色，为空间营造出深邃、纯净而神秘的空间氛围。

❸ 地面上复杂的纹路与纯净整洁的墙面形成鲜明的对比，使空间主次分明，张弛有度。

❶ 这是一款酒店客房处的空间设计。

❷ 在暖色调的空间中将地毯设置成皇室蓝，通过冷暖色调的对比增强了空间的视觉冲击力，并将皇室蓝与浅灰色相搭配，中和了皇室蓝的高明度，使空间看上去依旧温馨、平和。

3.6.7 浓蓝 & 蓝黑

❶ 这是一款酒店餐厅区域的空间设计。

❷ 浓蓝色是一种安定、从容的色彩，将其设置成空间的背景颜色，可以沉淀空间的氛围，并起到良好的衬托作用。

❸ 使用玻璃和金属线条作为室内和室外之间的隔断，使室内外的景色相互贯通，通过花园的设计为餐厅带来自然的氛围。

❶ 这是一款酒店客房处的空间设计。

❷ 将床头的靠背处和抱枕设置成蓝黑色，沉稳深邃，搭配纯净的白色作为底色，使深厚的氛围更加明亮纯净。

❸ 墙壁上悬挂的壁画色彩鲜艳、灵动活泼，为稳重的空间增添了一丝活跃的氛围。

3.6.8　爱丽丝蓝 & 水晶蓝

❶ 这是一款酒店客房处的空间设计。

❷ 将床头后面的背景设置成渐变的爱丽丝蓝，纯净淡雅，为空间营造出清凉、优雅的空间氛围。与深灰色相搭配，使空间尽显宁静、优雅。

❸ 将地面和阳台均设置成"人"字形的纹路，创造出经典而时尚的空间氛围。

❶ 这是一款酒店内厨房区域的空间设计。

❷ 水晶蓝象征着清澈与纯净，在空间中，将水晶蓝与无彩色系中的灰色搭配在一起，能够将空间的色泽进行提亮，为平淡的空间增添一抹亮色。

❸ 在多处设有绿色植物，为空间增添绿色、自然的气息。

3.6.9　孔雀蓝 & 水墨蓝

❶ 这是一款酒店客房处的空间设计。

❷ 将空间的背景设置成高饱和度的孔雀蓝，营造出高贵、典雅的空间氛围，搭配浓郁的深黄褐色，为沉稳的空间增添了一丝华丽。

❸ 将窗帘和座椅的材质设置成天鹅绒，使空间的氛围更加精致、温暖。

❶ 这是一款酒店内大厅休息区域的空间设计。

❷ 以沙发的水墨蓝为主色，深邃而稳重，搭配深实木色的椅子，使空间整体氛围沉稳而内敛。

❸ 空间将一条条实木组合在一起，形成隔断和天花板，在间隔空间的同时，也对空间起到了装饰性的作用，一举两得。

3.7 紫

3.7.1 认识紫色

紫色：紫色是由温暖的红色和冷静的蓝色组合而成的颜色，因此具有红色和蓝色的双重特征，是一种较为极端的色彩，醒目刺眼。

色彩情感：严谨、压迫、浪漫、温馨、甜美、高雅、神圣、高贵、神秘、孤独、优美。

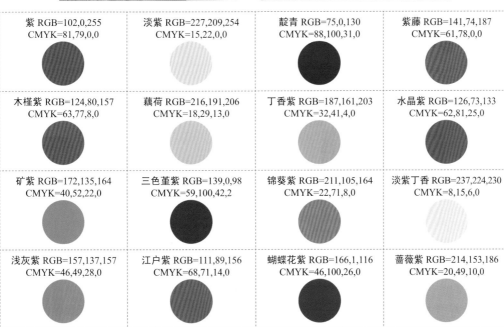

紫 RGB=102,0,255 CMYK=81,79,0,0	淡紫 RGB=227,209,254 CMYK=15,22,0,0	靛青 RGB=75,0,130 CMYK=88,100,31,0	紫藤 RGB=141,74,187 CMYK=61,78,0,0
木槿紫 RGB=124,80,157 CMYK=63,77,8,0	藕荷 RGB=216,191,206 CMYK=18,29,13,0	丁香紫 RGB=187,161,203 CMYK=32,41,4,0	水晶紫 RGB=126,73,133 CMYK=62,81,25,0
矿紫 RGB=172,135,164 CMYK=40,52,22,0	三色堇紫 RGB=139,0,98 CMYK=59,100,42,2	锦葵紫 RGB=211,105,164 CMYK=22,71,8,0	淡紫丁香 RGB=237,224,230 CMYK=8,15,6,0
浅灰紫 RGB=157,137,157 CMYK=46,49,28,0	江户紫 RGB=111,89,156 CMYK=68,71,14,0	蝴蝶花紫 RGB=166,1,116 CMYK=46,100,26,0	蔷薇紫 RGB=214,153,186 CMYK=20,49,10,0

3.7.2　紫 & 淡紫

① 这是一款酒店室外就餐区域的空间设计。

② 将部分桌椅设置成紫色，高饱和度的色彩为空间营造出高贵、时尚的空间氛围，搭配黄色系的天花板和浅灰色的地面，使空间整体看上去更加温馨、前卫。

① 这是一款酒店走廊处的空间设计。

② 空间以淡紫色为主色，优雅别致，搭配深实木色，营造出温馨、柔和的空间氛围。

③ 空间的尽头采用高明度的黄色和橘黄色，从远处望去好似火焰的颜色，活泼雀跃，将整个空间点亮。

3.7.3　靛青 & 紫藤

① 这是一款酒店大厅处的空间设计。

② 空间采用低饱和度的配色方案，以靛青色为背景，搭配墨绿色和土黄色，为空间营造出温厚的视觉效果，同时也具有一丝复古的气息。

③ 空间以天鹅绒材质为主，搭配壁炉，营造出温暖、温馨的空间氛围。

① 这是一款酒店客厅处的空间设计。

② 将椅子和脚蹬设置成紫藤色，高纯度的紫藤色在空间中与紫色系的地毯相搭配，为空间营造出和谐、统一之感。

③ 空间的家具均以实木材质为主，使空间氛围更加温馨、舒适。

3.7.4　木槿紫 & 藕荷

❶ 这是一款客房内厨房区域的空间设计。
❷ 木槿紫是一种温婉、前卫的颜色，将其设置为空间的主色，营造出低调且温婉的空间氛围。
❸ 将灯光倾斜的贴附在墙壁上，与中规中矩的空间布局形成鲜明的对比，在丰富空间的同时，也增强了空间的视觉冲击力。

❶ 这是一款酒店室外露台处的空间设计。
❷ 将墙围和抱枕设置成藕荷色，淡雅柔和，清新自然，为空间营造出舒适、温馨的空间氛围。
❸ 空间色彩丰富，饱和度低，搭配右侧的实木装饰元素，打造舒适、惬意的休息空间。

3.7.5　丁香紫 & 水晶紫

❶ 这是一款酒店总统套房内客厅处的空间设计。
❷ 空间中最为抢眼的则是丁香紫色的沙发，其色彩低调平稳，在空间中与实木色相搭配，为安稳与厚重的空间增添了一丝温暖与柔和。
❸ 空间将不同风格的元素融合在一起，整体氛围古今交融、简约奢华。

❶ 这是一款酒店大厅区域的空间设计。
❷ 远处的背景通过灯光的照射形成浓郁的水晶紫色，营造出稳重、高雅的空间氛围。
❸ 空间大面积采用实木家具，稳重而温馨，配以地面上的格子纹理，使空间沉稳的氛围更加活跃。

3.7.6　矿紫 & 三色堇紫

1. 这是一款酒店内餐厅就餐区域的空间设计。

2. 将座椅设置成矿紫色，低明度、低纯度的色彩为空间营造出了柔和且平稳的氛围。搭配实木和浅灰色，使空间更加温馨、温暖。

3. 墙面上镜面的设计能够将空间的氛围进行反射，使空间的层次感更加丰富。

1. 这是一款酒店客房处的空间设计。

2. 将三色堇紫作为空间的主色，浓郁而深邃，为空间营造出高雅、华贵的空间氛围。

3. 采用绿色植物对空间进行装点，为空间增添了一丝自然、亲切的氛围。地面上的条纹纹理增强了空间的层次感。

3.7.7　锦葵紫 & 淡紫丁香

1. 这是一款酒店餐厅就餐区域的空间设计。

2. 放眼望去，空间最为抢眼的就是锦葵紫色的座椅，温柔且含蓄，点缀了色彩平淡的空间，营造柔和、迷人且充满现代化的就餐氛围。

3. 天花板上圆形的装饰物好似就餐时使用的盘子，与空间的主题相互呼应，增强了空间的创意感。

1. 这是一款酒店客房处的空间设计。

2. 将空间的背景设置成淡紫丁香色，低饱和度的色彩为空间营造出淡雅且柔和的空间氛围。

3. 空间色彩丰富且柔和，与鲜艳热情的橙色相搭配，为平淡的空间带来一丝活跃的气氛。

3.7.8 浅灰紫 & 江户紫

❶ 这是一款酒店内会议室区域的空间设计。

❷ 将背景帘设置成浅灰紫色，平稳柔和，搭配深灰色和实木色，营造温馨柔和的空间氛围。

❸ 吊灯前卫而不失高雅，层次丰富，使平淡的空间看上去更加丰富，同时也增强了空间的设计感。

❶ 这是一款酒店内客房的空间设计。

❷ 江户紫是一种温和、含蓄的色彩，空间以江户紫作为主色，搭配纯净自然的白色和低沉的深灰色，营造出低调而神秘的空间氛围。

❸ 在床头的内侧设置灯带，并配以墙壁上的壁画，使空间的氛围更加活跃。

3.7.9 蝴蝶花紫 & 蔷薇紫

❶ 这是一款酒店大厅休息区域的空间设计。

❷ 将沙发座椅设置成蝴蝶花紫色，温馨浪漫、华丽脱俗，为空间营造出温暖且前卫的空间氛围。

❸ 将背景和天花板设置为橙色系，热情且富有动感，打造多彩、浪漫并具有一丝神秘气息的休息空间。

❶ 这是一款酒店吧台区域的空间设计。

❷ 将背景颜色设置成蔷薇紫色，柔和温顺、优雅平和，通过低纯度的配色方案为空间营造出轻柔且丰富的空间氛围。

❸ 空间大量应用不规则的色块，色彩丰富活跃，使空间的氛围更加鲜活生动。

3.8 黑、白、灰

3.8.1 认识黑、白、灰

黑色：黑色是所有色彩中，最为深邃且神秘的色彩，具有一种无穷的力量感，在酒店空间设计的过程中，黑色多半都会作为底色，能够起到良好的衬托作用。

色彩情感：神秘、高雅、严肃、沉重、庄严、悲痛、稳定、悲伤、深邃。

白色：白色象征着纯净和高雅，是所有颜色中明度最高的色彩，在设计的过程中，白色的加入能够使空间的整体效果更加柔和、温暖。

色彩情感：干净、纯朴、雅致、明亮、高级、轻快、纯真、整洁、凉爽、卫生。

灰色：灰色属于无彩色系，是一种百搭的颜色，只有明度，没有纯度和色相，是一种介于黑色与白色之间的颜色。

色彩情感：内敛、朦胧、低调、沉稳、悲观、执着、顽固、混沌、平和。

白 RGB=255,255,255 CMYK=0,0,0,0	月光白 RGB=253,253,239 CMYK=2,1,9,0	雪白 RGB=233,241,246 CMYK=11,4,3,0	象牙白 RGB=255,251,240 CMYK=1,3,8,0
10%亮灰 RGB=230,230,230 CMYK=12,9,9,0	50% 灰 RGB=102,102,102 CMYK=67,59,56,6	80% 炭灰 RGB=51,51,51 CMYK=79,74,71,45	黑 RGB=0,0,0 CMYK=93,88,89,88

3.8.2 白 & 月光白

① 这是一款酒店卧室的空间设计。

② 空间以白色为主色，纯净而优雅，搭配抱枕上少许的深青灰色，打造清爽、简约的休息空间。

③ 在床头悬挂一面圆形的黑色边框镜子，与其他家具的风格相统一，在装饰空间的同时，还能够将对面进行反射，使整体的空间感与层次感更加强烈。

① 这是一款酒店内餐厅区域的空间设计。

② 空间以月光白为主色，该颜色在白色的基础上增添了几分黄色，温暖、和善。

③ 该空间简约而温暖，通过墙壁上的壁画丰富空间氛围，使空间更加活跃而有朝气。空间利用线条和几何体相搭配，增强了室内的空间感和层次感。

3.8.3 雪白 & 象牙白

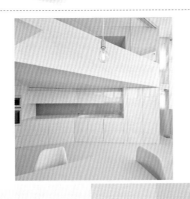

① 这是一款酒店嵌入式厨房的空间设计。

② 将橱柜设置成雪白色，纯净而清凉，优雅而高雅，与纯净的象牙白搭配在一起，营造出干净、整洁的空间效果。

③ 空间由一系列矩形面板组合而成，搭配嵌入式的设计方式，使空间规整而有序。

① 这是一款酒店客房的空间设计。

② 象牙白在白色中多添了一分黄色，因此除了具有纯净的视觉效果外，在空间中还能营造出温和、柔软、亲切的空间氛围。

③ 将植物贯穿在空间中，无论是床边摆放的绿植，还是门外和窗外的自然景物，都能使人们感受到亲切的大自然氛围。

3.8.4　10% 亮灰 & 50% 灰

① 这是一款酒店走廊处的空间设计。

② 将地面设置成 10% 亮灰色，与实木色相搭配，为空间营造出平和、温馨的氛围。

③ 空间线条流畅、配色简约、干净清爽，为来往的行人打造纯净、舒适的空间氛围。

① 这是一款酒店内卫生间的空间设计。

② 空间以 50% 灰为主色调，搭配无彩色系的白色、黑色和金属质感的黄铜色，打造安稳、平和的空间氛围。

③ 采用原始水泥墙体和花岗岩地板，营造出规整而坚硬的卫生空间。

3.8.5　80% 炭灰 & 黑

① 这是一款酒店内就餐区域的公共空间设计。

② 空间以 80% 炭灰为主色，沉稳而低调，搭配椅子和灯光的纯净的白色，在色彩上形成鲜明的对比，增强空间的视觉冲击力。

③ 空间色彩沉稳纯净，搭配红色作为点缀，为空间增添一丝热情与活泼。

① 这是一款酒店内浴室的设计。

② 空间以黑色为主色，庄重而神秘，搭配金属色和红色作为点缀，营造出华丽且高贵的气氛。

③ 在镜子的左右两侧放置精致的壁灯，与空间的整体氛围相互呼应，在照亮了空间的同时，也渲染了空间的气氛。

第 4 章

酒店设计的空间分类

　　酒店设计并不是单一的一项设计，而是根据不同的类型与作用，将多个空间整合到一起，酒店的空间分类：酒店楼体外观设计、大堂设计、前台设计、餐饮区设计、宾馆设计、会议室设计、走廊设计、洽谈区设计、娱乐区设计、创意空间设计等。在设计的过程中，可以根据它们的类别、作用等因素来决定设计的方案与主题，因此在设计之前，要了解每个空间的类型。

4.1 酒店楼体外观设计

酒店的外观是客人接触酒店的第一元素，因此外观设计得好坏会直接影响到客人对酒店的直观印象，决定着酒店的"生死存亡"。

特点：

◆ 设计感强，给人耳目一新的感觉。

◆ 要有整体感，元素的应用和谐而统一。

◆ 外观恢宏大气。

4.1.1 酒店的楼体外观设计

设计理念： 这是一款酒店建筑的外观设计。将建筑整体设置成扭曲的船的造型，通过奇特的设计使来往的行人耳目一新。

色彩点评： 室内的暖色系灯光通过玻璃窗投射出来，与建筑整体的深灰色相搭配，使建筑的整体效果沉稳且和谐。

🔵 从整体上看，曲线线条的元素使建筑外观活泼生动，具有流动性。

🔵 从局部上看，酒店外观由一个个小的立方体组合而成，墙面与玻璃窗相互交错，在一凸一凹的排列方式下使空间整体更加立体、活跃。

🔵 好的外观设计不仅是酒店的一种宣传手段，更是对周围的室外空间的一种装饰。

■ RGB=33,39,49 CMYK=87,81,68,50
■ RGB=123,130,146 CMYK=59,47,36,0
■ RGB=174,156,106 CMYK=40,39,62,0
■ RGB=81,92,108 CMYK=76,64,50,6

这是一款来自伊朗的滑雪村度假酒店的空间设计。将建筑设置成白色，与雪的颜色相互融合，建筑外观融入了波浪元素，为冷冽的自然环境增添了一分柔和。凹凸起伏的立面好似一座座小雪山。

■ RGB=230,232,236 CMYK=12,8,6,0
■ RGB=145,183,230 CMYK=48,22,1,0
■ RGB=246,246,247 CMYK=4,4,3,0
■ RGB=74,104,130 CMYK=78,59,41,1

这是一款水岛酒店的室外空间设计。将酒店的客房设置在水池的两侧，融入了自然和乡土元素，体现了热带混搭主义风格，打造出别致的乡土气息。

■ RGB=150,140,126 CMYK=48,44,49,0
■ RGB=167,212,207 CMYK=40,6,23,0
■ RGB=222,217,210 CMYK=16,14,17,0
■ RGB=152,123,96 CMYK=49,55,64,1

4.1.2 酒店的楼梯外观设计技巧——将图形元素融入设计中

在酒店外观设计中,图形元素的应用能够增强建筑整体的律动感,使空间更加立体、有层次感。

这是一款酒店建筑的外观设计。酒店的背景富有年代感和历史感,空间利用依次排列的弧形元素将整个建筑的立面笼罩起来,打造个性化的建筑空间。

这是一款酒店的建筑外观设计。 将菱形元素应用到酒店设计中,并与彩色的玻璃材质相搭配,使建筑在室外空间中脱颖而出。

配色方案

双色配色

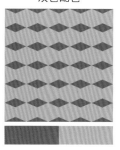

三色配色

四色配色

佳作欣赏

4.2 大堂

客人走进酒店，首先接触到的空间就是酒店的大堂，大堂是酒店的中心，要同时满足客人的精神需求和物质需求，因此在设计的过程中需要考虑到较多的设计元素。

特点：

◆ 多采用温暖沉稳的色调。

◆ 灯光温暖有质感。

◆ 布局合理，服务人性化。

4.2.1 酒店的大堂设计

设计理念：这是一款酒店大堂处的空间设计。在大堂处为人们创造可以进行休息和交谈的区域，营造家一般的温馨、热情的氛围。

色彩点评：空间色彩丰富，热情与沉稳相互交替，搭配和谐、张弛有度。

🔴 墙壁上垂直的板条加深了空间的纵深感。

🔴 深灰色的木质饰面和灰色的水泥地砖呼应了瑞士的极简设计风格。

🔴 鲜艳的红色座椅搭配清新活跃的地毯，营造出清新、愉快的空间氛围。

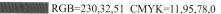

RGB=230,32,51 CMYK=11,95,78,0
RGB=20,22,19 CMYK=86,81,83,70
RGB=149,112,86 CMYK=49,60,68,3
RGB=201,203,96 CMYK=29,16,71,0

这是一款酒店大堂处的空间设计。空间元素丰富、搭配和谐，简单的菱形格子纹理和皮质沙发座椅，搭配均匀，分布在空间中的暖色调的灯光，营造出复古、华丽的休息等候区域。

RGB=133,103,84 CMYK=54,56,51,2
RGB=60,82,83 CMYK=81,64,63,20
RGB=228,153,41 CMYK=14,48,87,0
RGB=240,217,160 CMYK=9,17,43,0

这是一款酒店大堂处的空间设计。空间中最为抢眼的就是天花板上悬挂的抛光银色装饰物，新奇大胆，搭配欧式的天花板和恢宏大气的桌椅配饰，打造出奢华、尊贵的酒店大堂。

RGB=123,53,37 CMYK=51,86,93,26
RGB=119,84,60 CMYK=57,68,80,19
RGB=225,202,175 CMYK=15,23,32,0
RGB=131,140,70 CMYK=58,41,85,0

4.2.2 酒店的大堂设计技巧——色彩沉着而稳重

为了给消费者留下一个好的第一印象，酒店的大堂设计往往比较注重整体风格的稳重大气之感，因此在颜色上会常常选择深沉而稳重的色彩来营造出恢宏大气的空间氛围。

这是一款酒店大堂处的空间设计。空间整体以实木色为主，沉稳而深厚的色彩搭配浅灰色的地面，营造出稳重平和的空间氛围。

这是一款酒店大堂处的空间设计。通过浓郁的重褐色、沉稳的深棕色、高雅的卡其黄色，打造低调而庄重的大堂空间。

配色方案

双色配色

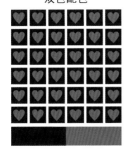

三色配色

四色配色

佳作欣赏

4.3 前台

　　随着客人脚步的移动，在走进酒店大堂后，会首先选择去酒店的前台进行相关事宜的办理，因此酒店的前台是一个以服务为主要目的的空间，在设计的过程中，要秉承着人性化的设计理念，为客人提供简洁、便利且富有质感的交流空间。

特点：

◆ 台面干净、美观、大方。

◆ 前台造型与酒店类型相匹配。

◆ 实用性较强，配以说明性文字。

4.3.1　酒店的前台设计

设计理念：这是一款酒店前台处的空间设计。空间以年轻、活力、无畏、便利、轻松为设计理念，打造极具现代化的空间氛围。

色彩点评：充满勃勃生机的绿色搭配温馨、温暖的黄色，打造出使人身心放松的交流空间。

🔵 利用丰富的灯光元素打造明亮且温馨的酒店前台空间。

🔵 利用黑色的举架围成一个好似房子的形状，将前台空间与周围环境分隔开来，使人们将酒店环境与"家"联系到一起，温馨而又独特。

🔵 在前台的左右两侧为客人提供了休息和购物的区域，可以丰富客人的闲暇时间。

RGB=200,178,133　CMYK=27,31,51,0
RGB=210,210,212　CMYK=21,16,14,0
RGB=26,22,27　CMYK=85,85,76,66
RGB=210,174,131　CMYK=22,36,51,0

这是一款酒店前台处的空间设计。实木家具搭配吧台上的植物元素，为空间营造出舒适、自然之感。丰富的地面纹理为宁静的空间带来一丝清凉的活跃氛围。

RGB=246,245,243　CMYK=5,4,5,0
RGB=87,80,75　CMYK=70,66,67,22
RGB=98,96,96　CMYK=69,62,58,9
RGB=50,75,95　CMYK=86,71,53,15

这是一款酒店前台处的空间设计。空间气氛温馨而低调，通过实木元素与灰色纹理的地砖打造沉稳、平和的空间氛围。

RGB=175,153,126　CMYK=38,41,51,0
RGB=194,194,199　CMYK=28,22,18,0
RGB=235,235,237　CMYK=9,7,6,0
RGB=114,105,97　CMYK=63,59,60,6

4.3.2 酒店的前台设计技巧——小巧的射灯使空间更加温馨

灯光是酒店前台设计的重要元素之一，为了渲染空间的氛围，通常情况下会采用小而多的灯光将前台空间进行点缀，营造出温馨、柔和的空间氛围。

这是一款酒店前台处的设计。空间将灯光元素整齐地进行排列，通过小巧的射灯将灯光投射在地面，将空间进行基本的照亮。然后加入大量的菱形元素和圆形元素，对空间的上方进行装饰，并根据图形元素来设定灯光的位置，使灯光与图形之间相辅相成，增强空间的层次感。

这是一款酒店前台处的空间设计。前台的背景以纵向的实木条为主要装饰元素，可以加深空间的纵深感，并在每个木条的上方配以小射灯将空间照亮，通过明暗的对比丰富空间的氛围。将酒店的标识横向进行排列，在黑色的背景下搭配白色的灯光进行点亮，使其与背景装饰形成对比。

配色方案

双色配色

三色配色

四色配色

佳作欣赏

规模较大的酒店内会为客人们设置餐饮区域，既能够促进客人的消费，又能够为客人带来优质、周到的服务，一举两得。

特点：

◆ 家具的选择注重安心、舒适。

◆ 多采用温暖、热情的色调。

◆ 灯光种类繁多。

4.4.1　酒店的餐饮区设计

设计理念：这是一款酒店内就餐区域的空间设计。空间以现代、显眼、明亮为设计理念，善于运用灯光元素对空间进行装点，与空间的设计理念相互呼应。

色彩点评：空间色彩丰富，冷暖色调搭配得当，打造和谐、温馨且充满时尚元素的就餐空间。

🌑 在最里面的置物架上摆满了各种颜色的空瓶，并配以灯光进行照射，使室内环境色彩丰富、气氛活跃。

🌑 在天花板上悬挂橙色系的灯光，通过灯光的照射能够使食物看上去更加美味。

🌑 空间的左右两侧呈对称的形式进行陈列，为元素丰富、色彩斑斓的空间增添一丝平和的气氛。

RGB=206,98,60　CMYK=24,73,79,0
RGB=100,202,108　CMYK=61,0,73,0
RGB=11,10,16　CMYK=90,87,81,73
RGB=224,215,88　CMYK=20,13,73,0

这是一款酒店内就餐区域的空间设计。墙壁的周围挂满了前卫且个性化的壁画，为客人带来别具一格的文化内涵和艺术体验。

RGB=68,42,28　CMYK=66,78,89,52
RGB=194,194,199　CMYK=28,22,18,0
RGB=166,138,113　CMYK=42,48,56,0
RGB=197,45,46　CMYK=29,95,88,0

这是一款酒店内咖啡厅区域的空间设计。低饱和度的对比色彩使空间整体丰富而和谐，搭配地面上条纹和瓷砖纹理，为色彩平和的空间增添了一丝活跃的气氛。

RGB=162,151,143　CMYK=43,40,41,0
RGB=58,110,117　CMYK=81,53,52,3
RGB=194,133,74　CMYK=31,55,76,0
RGB=82,57,65　CMYK=70,78,65,32

酒店的餐饮区设计技巧——室外的就餐区域更加贴近于自然

将就餐区域设置到室外，可以使客人在就餐的同时欣赏到室外的美景或是感受到室外的温暖和阳光的普照，还可以渲染、烘托就餐的氛围。

这是一款酒店室外就餐区域的空间设计。将就餐区域设置在庭院内，搭配实木座椅和白色的墙壁，打造温馨且温暖的就餐氛围。

这是一款酒店室外就餐区域的空间设计，将餐厅设置在露台处，绝佳的视野为客人营造出更加优美、惬意的就餐环境。

配色方案

双色配色

三色配色

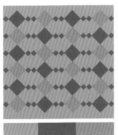

四色配色

佳作欣赏

4.5 宾馆

　　宾馆与酒店的相同之处在于两者都为顾客提供住宿的场所；区别之处在于宾馆相对于酒店来说规模较小，通常情况下不会提供休闲娱乐场所，相对来讲收费标准也会稍微降低。

　　特点：

◆ 灯光设置既不可太明亮，也不能太昏暗。

◆ 整齐干净。

◆ 客房多采用墙纸进行装饰。

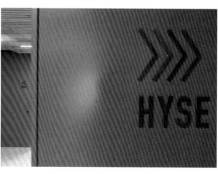

4.5.1 宾馆设计

设计理念：这是一款宾馆客房区域的空间设计。空间整体氛围干净淡雅，为客人打造舒适的居住环境。

色彩点评：空间整体以白色和浅实木色为主，是标准的酒店搭配色彩，柔和安静，干净清爽。

① 在窗外设置镂空的金属框架，好似一幅城市地图的抽象画，在丰富空间氛围的同时，也使空间更具艺术气息。

② 在平淡柔和的空间中，将椅子设置成鲜艳的红色，使其与周围的环境形成鲜明的对比，同时也避免了太过素雅的色彩搭配带来的审美疲劳。

RGB=243,243,244 CMYK=6,5,4,0
RGB=79,79,79 CMYK=73,67,64,21
RGB=151,147,124 CMYK=48,41,52,0
RGB=133,77,54 CMYK=51,75,83,17

这是一款宾馆客房处的空间设计。空间以红色为主色，热情夺目的红色可以瞬间活跃空间的氛围，并将窗户的造型设置成圆形，奇特且具有吸引力，打造独特且具有创意感的居住空间。

RGB=155,91,84 CMYK=47,73,64,4
RGB=187,186,184 CMYK=31,25,24,0
RGB=186,143,107 CMYK=42,45,60,0
RGB=194,112,48 CMYK=30,66,89,0

这是一款旅店大厅休息区域的空间设计。楼梯、桌子、椅子，均采用实木材质，并在中心处设置火炉，营造出温馨、温暖的空间氛围。

RGB=222,207,186 CMYK=16,20,28,0
RGB=189,183,170 CMYK=31,27,32,0
RGB=168,143,107 CMYK=42,45,60,0
RGB=58,34,18 CMYK=69,80,95,59

4.5.2 **宾馆的设计技巧——大面积的玻璃面增强空间的采光性**

相对于酒店而言，宾馆各个区域的面积较小，在设计的过程中，为了使空间看上去更加舒适、视野更加开阔，常常会应用到玻璃材质来增强空间的透光性和采光性，使空间看上去更加温馨、宽敞。

这是一款酒店内休息处的空间设计。空间以实木材质为主，温和厚重，在门口处设置玻璃门窗，使室内外更好地融合在一起，营造出自然、亲切的休息氛围。

这是一款宾馆客房处的空间设计。在床尾处设置玻璃门窗，使风景与床头相对应，使入住在酒店房间的客人可以轻松地欣赏到室外的美景。

配色方案

双色配色

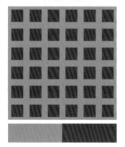

三色配色

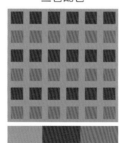

四色配色

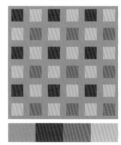

佳作欣赏

4.6 会议室

会议室是酒店中常见的公共场所，常用作企业的演讲、事务商议、报告或是发布会等公共行动，因此要注意设计的合理性和规整性，避免杂乱的空间效果带来的烦闷感，降低会议的效率。

特点：

◆ 既有抢夺光照，又有优美光线。

◆ 室内空间宽敞大气。

◆ 区域划分明确。

4.6.1　酒店的会议室设计

设计理念：这是一款酒店内会议室的空间设计。空间整体氛围庄重沉着，营造出正式、庄严的空间氛围。

色彩点评：空间色彩稳重大气，通过棕色、灰色、深灰色等踏实沉稳的色彩，为空间打造商务化的空间效果，使身处其中的人在情绪上得以沉淀。

🕐 会议室采用 U 形的布局方式，将投影区域设置在 U 形的开口处，适合小型的、讨论型的会议。

🕑 天花板上的灯光小巧得像是天上的繁星，为中心处的大面积灯带做衬托，众星捧月式的设计手法使空间主次分明。

RGB=81,71,66 CMYK=71,69,69,29
RGB=67,44,18 CMYK=67,76,100,52
RGB=212,203,194 CMYK=20,20,22,0
RGB=23,22,22 CMYK=85,82,81,68

这是一款酒店内会议室的空间设计。U 形的布局方式使空间的氛围稍显活跃，搭配左右两侧垂落感较强的遮光窗帘，在增加空间纵深感的同时也能够使规整死板的布局得以改善，活跃了空间的气氛。

RGB=26,25,23 CMYK=84,80,82,67
RGB=228,215,206 CMYK=13,17,18,0
RGB=245,242,237 CMYK=5,6,8,0
RGB=103,90,78 CMYK=65,64,68,16

这是一款酒店内会议室的空间设计。将多张桌子横排并列在一起，摆放在空间的中心位置，并在天花板上分别对空间的中心区域和两侧的座位区进行照射，打造合理化的会议空间。

RGB=97,95,96 CMYK=69,62,58,9
RGB=28,36,39 CMYK=87,78,74,57
RGB=199,206,151 CMYK=26,16,12,0
RGB=162,119,82 CMYK=45,58,72,1

4.6.2 酒店的会议室设计技巧——鲜艳的色彩打造活跃的会议空间

提到会议室，人们总会想到室内紧张、沉稳的商务性环境，其实不然，很多会议室会打破常规的设计理念，运用鲜艳的色彩来活跃空间的气氛，使会议室的整体氛围更加生动活泼。

这是一款酒店内会议室的空间设计。将墙面设置成青蓝色，沉稳而不失俏皮，活跃而不失严谨，搭配天花板上以交叉形式摆放的灯带，营造出活泼、前卫的空间氛围。

这是一款酒店内小型会议室的空间设计。空间色彩鲜艳活跃，采用红色、橙色为主色，营造出热情亲切的会议空间。

配色方案

双色配色

三色配色

四色配色

佳作欣赏

4.7 走廊

　　酒店内的走廊是客人入住的必经之地，设计环境的好坏会直接影响到整个酒店的质感和客人的满意程度，因此在装修的过程中，更要注重细节的处理。

特点：

◆ 灯光色调统一，简单大方。

◆ 铺设地毯，以防滑倒。

◆ 墙壁装饰提升艺术气息。

设计理念： 这是一款酒店内公共区域的走廊设计。空间整体效果规整有序，通过一些装饰元素对客人进行视觉引导，在无形之中引导着顾客的行进路线。

色彩点评： 空间颜色沉稳平和，实木色的家具使空间的氛围得以沉淀，搭配绿色系的沙发座椅，打造温暖、亲切的空间氛围。

🔵 将灯光设置在墙壁的两侧，小巧的光线照射在左右两侧的墙面上，在照亮空间的同时也使空间充满了设计感。

🔵 地面上的花纹元素与墙面上的实木材质相呼应，使空间有了和谐统一之感。

- ■ RGB=121,107,87　CMYK=60,58,67,7
- ■ RGB=202,204,163　CMYK=27,17,41,0
- ■ RGB=219,219,222　CMYK=17,13,11,0
- ■ RGB=43,65,31　CMYK=77,78,80,59

这是一款旅店内走廊区域的空间设计。拱形的设计增强了空间的灵活性，木质材料的应用使空间整体看上去更加大气、稳重。

- ■ RGB=179,157,120　CMYK=37,39,55,0
- ■ RGB=85,50,34　CMYK=62,78,88,44
- ■ RGB=132,107,8　CMYK=56,59,71,7
- ■ RGB=103,88,77　CMYK=64,64,68,17

这是一款酒店走廊区域的空间设计。在天花板处设置实木材质的弧形隔断，通过灯光的投射和角度的不同创造出相似又不同的灯光投影，打造梦幻、独特的走廊空间。

- ■ RGB=175,160,143　CMYK=38,37,42,0
- ■ RGB=112,102,92　CMYK=63,60,62,8
- ■ RGB=10,6,5　CMYK=89,86,87,77
- ■ RGB=209,188,169　CMYK=22,28,33,0

4.7.2 酒店的走廊设计技巧——注重墙面的装饰效果

由于走廊的空间较为狭小，复杂的灯饰很容易造成环境的拥挤和上方空间的压迫感，因此在设计的过程中，墙面左右两侧的设置尤为重要。

这是一款酒店内走廊处的空间设计。空间深邃沉静，左侧的条纹装饰与天花板紧密相连，右侧采用玻璃材质，搭配蓝色系的装饰画面，打造充满现代感的长廊。

这是一款酒店内走廊处的空间设计。空间的左侧采用墙砖与实木材质，与右侧的植物元素相搭配，营造出自然、亲切的空间氛围。

配色方案

双色配色

三色配色

四色配色

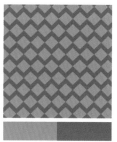

佳作欣赏

4.8 洽谈区

酒店的洽谈区域是人与人之间交流与商谈的公共区域，因此在设计的过程中要注重交流的私密性与环境的舒适性，保证人与人在交流的过程中身心舒畅，以提高洽谈的效率。

特点：

◆ 具有私密性。

◆ 增加摆设，舒缓气氛。

◆ 避免呆板的布局。

4.8.1 酒店的洽谈区设计

设计理念：这是一款酒店内洽谈区域的空间设计。规整的布局搭配沉稳的色彩，打造低调、踏实的空间氛围。

色彩点评：采用实木色作为空间的主色，营造出踏实、稳重的空间氛围。在右侧的置物架内设置灯光，通过光照效果使

置物架产生了明暗颜色的变化，以此来提亮空间色彩。

🌑 采用三面封闭、一面开放的形式，增强了空间的私密性，使双方洽谈人员在商议事务的过程中更加舒适、踏实。

🌑 在中间的墙面上设有装饰性的挂画，色彩丰富热情，构图饱满且富有创造力，为沉稳的空间带来一丝活跃的气氛。

- RGB=109,50,16 CMYK=54,84,100,35
- RGB=246,184,77 CMYK=6,36,73,0
- RGB=180,91,89 CMYK=37,75,60,0
- RGB=231,208,178 CMYK=12,21,32,0

这是一款酒店洽谈区域的空间设计。该空间私密性良好，家具的摆放轻松随意，搭配温馨的吊灯和墙壁上的装饰画，为洽谈区域营造出和谐、舒适的环境。采用大面积的暖色调对空间进行装饰，因此将沙发设置成蓝白黑相间的格子图案，将空间的氛围进行沉淀，同时也可以通过蓝色对空间的气氛进行渲染，使彼此之间更具安全感，以此来使相互交流的双方能够身心放松。

- RGB=207,193,181 CMYK=23,25,27,0
- RGB=159,167,156 CMYK=44,30,38,0
- RGB=199,152,96 CMYK=28,45,66,0
- RGB=7,46,80 CMYK=100,90,54,25

这是一款酒店洽谈区域的空间设计。对空间的中心区域进行较为低明度的照亮，使人们将视线集中在一起。同时通过红色、花朵、呢绒、布艺材质等元素为空间营造出浪漫、温馨的氛围。

- RGB=117,103,87 CMYK=61,59,66,8
- RGB=48,32,22 CMYK=73,79,82,62
- RGB=167,129,103 CMYK=42,53,60,0
- RGB=133,56,42 CMYK=49,86,90,21

布艺材质是一种百搭的装饰材质，更具亲肤性，在洽谈区域选择布艺沙发对空间进行装饰，能够轻松地营造出亲切、舒适的洽谈环境。

这是一款酒店内洽谈区域的空间设计。将弧形元素融入洽谈区域中，搭配布艺沙发和周围的绿色植物，使空间的氛围更加柔和，为洽谈双方打造温馨的洽谈环境。

这是一款酒店洽谈区域的空间设计。将该空间设置在室外，通过蓝天、白云、绿植等自然元素对空间的氛围进行渲染，营造轻松舒适的洽谈环境，并选择布艺材质的沙发，与周围自然的环境相呼应。

配色方案

双色配色

三色配色

四色配色

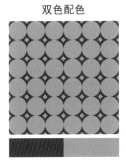  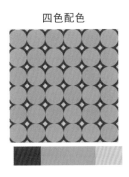

佳作欣赏

4.9 娱乐区

　　酒店的娱乐区域是专门为入住的客人提供的休闲娱乐的场所。为了带给客人良好的入住体验，酒店会通过娱乐区域的建设丰富客人的休闲时光。

特点：

◆ 整体风格热情饱满。

◆ 种类繁多，风格、场所不限。

◆ 注重艺术氛围的渲染。

4.9.1 酒店的娱乐区设计

设计理念：这是一款酒店健身房的空间设计。通过黑色的线条对空间进行简单的装饰，使其呈现简约、自然的空间效果。

色彩点评：空间以黑色和白色作为主要的搭配色调，简约而又平静，搭配窗外植物的绿色，为平淡的空间增添了一丝活力与自然。

🟢 由于空间面积较小，因此采用玻璃门窗将室内外分割开来，增强了空间的透光性，并能够使健身的人们欣赏到室外的景色，一举两得。

🟢 地面上垫子的摆放相互平行却又相互错开，使空间规整有序的同时又不乏变化，避免了空间死板的布局。

- RGB=24,24,22 CMYK=84,80,82,68
- RGB=155,163,87 CMYK=48,31,76,0
- RGB=227,227,225 CMYK=13,10,11,0
- RGB=148,136,129 CMYK=49,47,46,0

这是一款酒店露台外泳池区域的空间设计。空间布局规整有序，通过颜色的塑造和渲染，打造出一个热情、清澈的空间氛围。配以植物元素和椅子上的植物花纹作为点缀，打造使人身心愉悦的室外娱乐空间。

- RGB=137,116,99 CMYK=54,56,51,2
- RGB=208,206,210 CMYK=22,18,14,0
- RGB=74,85,41 CMYK=74,58,99,27
- RGB=22,64,71 CMYK=91,70,64,32
- RGB=41,47,56 CMYK=85,78,66,44

这是一款酒店泳池区域的空间设计。空间以黑白相间的条纹为主要的设计元素，贯穿在整个空间，搭配高饱和度的黄色和蓝色，为空间营造出强烈的视觉冲击力。

- RGB=219,219,221 CMYK=17,13,11,0
- RGB=24,24,27 CMYK=86,82,77,66
- RGB=224,211,50 CMYK=20,15,84,0
- RGB=28,31,187 CMYK=96,86,0,0
- RGB=104,169,191 CMYK=62,24,24,0

4.9.2　酒店的娱乐区设计技巧——实木元素的加入使娱乐区域更加亲切

娱乐区设计是酒店设计的点睛之笔，层次感丰富的酒店娱乐区设计能够为空间营造出华丽、大气的氛围，奠定空间的情感基调。

这是一款酒店室外台球区域与阅读区域的空间设计。空间元素丰富、布局饱满、色彩稳重，大面积的实木材质使空间看上去更加贴近于自然。

这是一款酒店内音乐厅区域的空间设计。空间以实木材质为主，为空间渲染了浓郁、厚重的空间氛围，搭配黑白相间的格子图案地面，打造温馨而又不失时尚的空间氛围。

配色方案

双色配色

三色配色

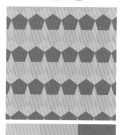

四色配色

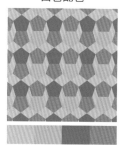

佳作欣赏

4.10 创意空间

　　酒店设计中，除了上述标准的必备空间以外，还会设置很多新奇且充满创意感的休闲、休息空间，该空间会通过与众不同的设计理念，为客人呈现别具一格的特色空间氛围，通过强而有力的视觉冲击力打动顾客，给顾客留下深刻的印象。

　　特点：

- ◆ 家具的选择注重安心、舒适。
- ◆ 多采用温暖、热情的色调。
- ◆ 灯光种类繁多。

4.10.1　酒店的创意空间设计

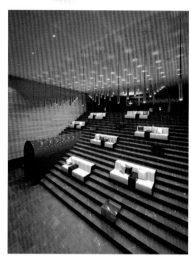

设计理念：这是一款酒店内巨型楼梯大厅处的空间设计。空间以"现代、显眼、明亮"为设计主题，通过色彩和

灯光的搭配对空间进行氛围的渲染，与主题相互呼应。

色彩点评：空间以鲜艳的红色为主色，搭配黄色和白色的灯光作为点缀，营造出鲜艳、热情、温馨的空间氛围。

⓫将舒适的长椅分布在楼梯的阶层上，供客人们休息、聊天。

⓬过道处好似一个短暂的隧道，并将其设置成鲜艳的红色，与天花板的颜色相互呼应，使空间更具梦幻之感。

RGB=254,59,24　CMYK=0,87,88,0
RGB=245,253,24　CMYK=14,0,82,0
RGB=67,46,35　CMYK=68,76,84,50
RGB=240,243,248　CMYK=7,4,2,0

这是一款酒店室外露天阳台处的空间设计。将塑料材质的透明吊椅设置在室外的露天阳台处，使其在满是实木材质的空间中显得尤为突出，可以供客人们观赏室外的美景，这里光线充足，视线开阔而优美，使人身心放松。

RGB=242,161,63　CMYK=7,47,78,0
RGB=250,207,154　CMYK=3,25,42,0
RGB=99,58,46　CMYK=59,78,82,35
RGB=195,206,211　CMYK=28,16,15,0

这是一款酒店内酒吧区域的空间设计。空间的整体氛围充满了神秘的色彩，通过天花板上的凹面镜将下面的空间进行反射，打造前卫且具有科技感的空间氛围。

RGB=29,27,26　CMYK=83,80,80,65
RGB=94,83,85　CMYK=69,67,61,16
RGB=115,114,114　CMYK=40,54,62,0
RGB=189,188,186　CMYK=63,55,52,1

无论是住宿还是休闲区域，人们都会需要一个安静、独立的空间，因此在空间中设有私人的休息区域，是更为人性化的设计方案。

这是一款度假酒店私人休闲区域的空间设计。户外的私人休息凉亭被葱郁的天然植物包围着，清凉自然，为客人营造出闲适、安静的休闲空间。

这是一款家庭式胶囊旅馆休息区域的空间设计。空间以"胶囊"为设计主题，在狭小的空间中为每一个入住的旅客都设置了私人的居住空间，既简单便捷，又确保了环境的隐私性。

配色方案

双色配色

三色配色

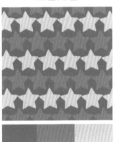

四色配色

佳作欣赏

第5章 酒店设计的风格分类

　　随着酒店在现今社会的普及，酒店设计的风格分类也越来越明确。我们可大致将酒店分为现代风格、欧式风格、美式风格、东南亚风格、豪华度假式风格、小资民宿风格、沉浸式主题风格等。不同风格的酒店设计所应用的元素和营造的氛围也各不相同。

5.1 现代风格

现代风格并不是将室内进行简单随意的设计，也不是将物品或是装饰元素"堆砌"或是平淡地进行"摆放"，而是通过精心的设计，省去不必要的烦琐的步骤和过程，创造出既美观又实用，既简约又时尚的空间氛围。

特点：

◆ 简约却不失设计感。

◆ 外形简洁，功能性强。

◆ 线条流畅。

5.1.1 现代风格酒店设计

设计理念：这是一款酒店内洗漱区域的空间设计。通过简约的线条和图形元素打造充满现代风格的简约空间氛围。

色彩点评：空间色彩简约平和，以低调而温和的白色作为空间的底色，搭配黑色的线条和实木色的家具，打造温馨、柔和的空间氛围。

选择不规则的线条对空间的背景进行装饰，能够通过简约的元素活跃空间的氛围，而且避免了一成不变的死板的布局，使空间看上去更具有层次感。

选择圆形的镜子悬挂在由线条组合而成的矩形的背景之上，在与背景形成鲜明对比的同时，也与右侧的创意灯具在图形元素上相互呼应，加深了空间中元素之间的关联性。

将大理石材质与实木材质碰撞在一起，通过柔和的色彩将材质之间的差别进行中和，打造整体和谐统一的洗漱空间。

RGB=237,236,234 CMYK=9,7,8,0
RGB=243,235,220 CMYK=6,9,15,0
RGB=167,148,122 CMYK=42,43,53,0
RGB=63,61,58 CMYK=76,71,71,38

这是一款酒店内客房休息区域的空间设计。空间采用沉稳而高雅的高级灰色调，通过简单的布艺沙发搭配线条流畅的桌椅和镜子，打造极具现代风格的休息空间。

RGB=181,173,130 CMYK=34,31,29,0
RGB=43,40,38 CMYK=79,76,76,55
RGB=234,229,227 CMYK=10,11,10,0
RGB=74,79,86 CMYK=76,67,59,18

这是一款酒店内客房洗漱区域的空间设计。该空间具有极强的功能性和良好的规划性，通过简约的设计搭配色彩对比强烈的充满图形元素的地面，打造极具现代风格的空间氛围。

RGB=145,136,123 CMYK=51,46,50,0
RGB=21,23,27 CMYK=87,83,77,66
RGB=109,79,62 CMYK=60,69,76,22
RGB=212,156,103 CMYK=22,45,62,0

5.1.2 现代风格酒店设计技巧——流畅的线条突出空间现代风格

线条是酒店设计中常用的装饰性元素，那么在设计现代风格酒店的过程中，设计师们常常会通过流畅的线条为空间营造出简约、现代的空间氛围，打造畅达、开阔的视觉效果。

这是一款酒店内餐厅就餐区域的空间设计。空间的线条主要应用在橱柜、餐桌和灯饰等方面。以白色为背景，搭配大理石材质和实木材质，打造简约大气的就餐环境。通过搭配红色的灯罩来增强空间的视觉冲击力。

这是一款酒店内会议区域的空间设计。该空间氛围轻松活跃，色彩张弛有度。以流畅的线条和图形为主要的设计元素，打造轻巧、舒缓的会议办公空间。

配色方案

双色配色

三色配色

四色配色

佳作欣赏

5.2 欧式风格

欧式风格是一种来源于欧罗巴洲的设计风格，该风格具有强烈的文化传统内涵，以其豪华富丽的空间氛围深受皇室、贵族的喜爱，在现今社会，欧式风格多应用于别墅、会所、酒店中，打造大气、豪华的贵族风格，有时也会应用于一些住宅或公寓项目之中，打造浪漫、优雅的生活环境。

特点：

◆ 端庄典雅、高贵华丽。

◆ 注重对称的空间美感。

◆ 层次感丰富。

5.2.1　欧式风格酒店设计

设计理念：这是一款酒店就餐区域的空间设计。空间充满了皇室的贵族气息，气质华丽高雅，打造美观且豪华的就餐氛围。

色彩点评：空间以白色作为主色，并配以金黄色作为点缀，通过灯光的照射，使空间金碧辉煌、琳琅满目。

🔵 空间的顶棚和墙壁采用丰富的金色和银色的装饰，结构饱满，层次感丰富。

🔵 由于上方空间的结构饱满，为了使空间的整体效果不过于紧张，下方空间将桌椅设置成纯净的白色，将复杂的氛围进行中和。

🔵 在空间的左右两侧分别设置吊灯，结构饱满，层次丰富，色彩华丽，与墙壁上的壁灯相互呼应，使空间的氛围得以升华。

RGB=215,182,135 CMYK=20,32,50,0
RGB=240,241,247 CMYK=7,6,1,0
RGB=142,104,54 CMYK=51,62,89,8
RGB=115,101,112 CMYK=64,63,49,3

这是一款酒店大厅休息等候区域的空间设计。在天花板上雕刻丰富且精美的造型，搭配深绿色的呢绒沙发，打造高雅且精致的空间氛围。

RGB=181,148,100 CMYK=36,44,65,0
RGB=204,198,176 CMYK=24,21,32,0
RGB=115,83,70 CMYK=59,69,71,18
RGB=42,109,47 CMYK=84,48,100,11

这是一款酒店客房内的空间设计。精美的壁灯、大气的窗帘、精致的座椅，无一不凸显着华丽、精美的欧式风格。

RGB=235,205,134 CMYK=51,46,50,0
RGB=210,192,131 CMYK=24,25,54,0
RGB=178,146,72 CMYK=38,45,80,0
RGB=99,93,87 CMYK=67,62,63,13

5.2.2 欧式风格酒店设计技巧——暖色调打造华丽浪漫的氛围

欧式风格是一种以华丽、高贵为主的设计风格。在设计的过程中，设计师们通常会通过暖色调的色彩为空间营造出浪漫、华丽的空间氛围。

这是一款酒店大堂休息等候区域的空间设计。空间以金黄色为主，搭配灰色和白色，营造出温馨且浪漫的空间氛围。同时，通过华丽的吊灯和精致的雕刻样式，打造使人流连忘返的等候区域。

这是一款酒店客房内客厅休息区域的空间设计。天花板上精美的吊灯、墙壁上精致的雕琢，加上拱券和柱式结构，搭配以黄色和红色为主的配色方案，打造具有浓厚的欧式风格的空间氛围。

配色方案

双色配色

三色配色

四色配色

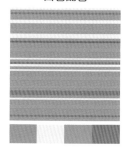

佳作欣赏

5.3 美式风格

美式风格顾名思义是来源于美国的装修风格，其布局特点为：客厅简明、卧室温馨、厨房宽敞、书房实用，并常以木质材质为主，崇尚古典风格，粗犷大气，实用性强。

特点：

◆ 注重家具的实用性和收纳性。

◆ 讲究氛围的营造，凸显温馨的气氛。

◆ 凸显自在、随意的风格。

5.3.1　美式风格酒店设计

设计理念：这是一款酒店大厅休息区域的空间设计。空间以石材和木材为主要的装饰材料，打造粗犷且与原始自然景象相贴近的空间氛围。

色彩点评：空间多半采用源自大自然的色彩，营造出自然、原始的空间氛围。搭配深巧克力色和深红色的沙发座椅，通过浓厚的色彩使空间看上去更加沉稳深邃。

① 空间的装饰与摆设摆脱了基本的规划与限制，将石材与木材元素较为随意地进行放置，打造随意、轻松的休息空间。

② 丝绒材质的沙发座椅在这个不加修饰的空间中显得格外精致，同时也通过材质的展现使整个空间更加厚重、温暖，与壁炉内熊熊燃烧的火焰相互呼应。

③ 在茶几上摆放一盆绿色植物，避免了太过厚重的颜色和材质为空间带来压迫感，具有缓解和消除疲劳的作用。

RGB=225,180,133 CMYK=16,35,50,0
RGB=176,156,130 CMYK=37,39,49,0
RGB=70,43,30 CMYK=66,78,87,51
RGB=178,39,48 CMYK=37,97,88,3

这是一款酒店客厅区域的空间设计。空间以丝绒材质、木质材质和布艺材质为主要装饰元素，营造出稳重且贴近自然的空间氛围。色彩搭配张弛有度，深邃的普鲁士蓝搭配高饱和度的黄绿色和浅蓝色，打造沉稳而不失活跃的空间效果。

RGB=176,150,127 CMYK=38,43,49,0
RGB=192,121,58 CMYK=31,61,84,0
RGB=14,57,96 CMYK=99,86,47,14
RGB=157,187,3 CMYK=48,15,100,0
RGB=142,207,224 CMYK=48,6,14,0

这是一款酒店大堂休息区域的空间设计。以裸露的砖墙为背景，搭配温馨、浪漫的烛光，通过厚重的色彩和温暖的材质打造温馨、舒适的休息环境。

RGB=228,122,29 CMYK=13,68,92,0
RGB=206,163,106 CMYK=25,40,62,0
RGB=96,53,21 CMYK=58,78,100,40
RGB=54,43,66 CMYK=83,87,59,36

在美式风格酒店设计的过程中，良好的采光性能够增强空间的通透感，进一步烘托出空间温馨、浪漫的氛围，同时也能使空间更加清新、自然。

这是一款酒店客厅区域的空间设计。通过大面积的落地门窗增强了空间的采光性与通透性，搭配带有花纹图案的地毯和绿色丝绒材质的座椅，使空间更加清新、自然。

这是一款酒店客厅区域的空间设计。大面积的玻璃门窗能够使客人们在室内观赏到室外的美景，同时也增强了室内的采光效果，营造出温馨、舒适的空间氛围。

配色方案

双色配色

三色配色

四色配色

佳作欣赏

5.4 东南亚风格

　　东南亚风格是一种具有强烈民族特色的装修风格，家具大多就地取材，配色多以暖色调为主，空间整体散发着浓烈的自然气息，可以营造出一种舒适、安逸的空间氛围。

　　特点：

◆　朴实、自然。

◆　以藤条、竹子、石材、木材为主要的设计材料。

◆　饰品富有禅意，自然、清新。

5.4.1　东南亚风格酒店设计

设计理念：这是一款酒店客房休息区域的空间设计。空间通过源于自然的材料，打造淳朴、自然的空间氛围。

色彩点评：空间色彩深沉、浓厚，通过深、浅实木色的搭配使空间看上去更加

淳朴、自然。搭配白色的床单和米色的抱枕，为深沉的空间增添了一抹纯净的色彩。

🍂 以实木材质为主要的设计元素，深邃而稳重，使空间的氛围沉稳而低调。

🍂 在背景墙面上的圆形装饰物中镶嵌镜子元素，能够将对面的景象进行反射，使空间的层次感更加强烈。

🍂 床头柜上，以树杈为装饰元素的灯具简约且富有设计感，并通过材质与空间的整体风格相互呼应，使空间具有和谐统一之感。

RGB=187,181,169 CMYK=32,28,32,0
RGB=213,209,216 CMYK=20,17,17,0
RGB=68,41,41 CMYK=68,81,76,50
RGB=204,178,147 CMYK=25,32,43,0

这是一款酒店室外就餐区域的空间设计。以实木材质和竹藤材质为主，将餐桌围绕着树木进行陈列，打造充满自然与淳朴氛围的就餐空间。

RGB=164,121,83 CMYK=44,57,71,1
RGB=178,152,136 CMYK=36,42,44,0
RGB=68,41,41 CMYK=68,81,76,50
RGB=108,108,63 CMYK=64,54,86,11

这是一款酒店就餐区域的空间设计。将背景的屏风设置成芭蕉叶的图案，并与实木材质相搭配，与就餐区域的桌椅材质相互呼应。芭蕉叶元素由屏风处延伸到墙面，使空间主题明确、风格统一。

RGB=58,63,75 CMYK=81,74,60,28
RGB=129,116,105 CMYK=57,55,58,2
RGB=26,15,17 CMYK=82,85,82,71
RGB=194,181,58 CMYK=33,27,82,0

5.4.2 东南亚风格酒店设计技巧——绿色植物的加入使空间更贴近于自然

东南亚风格是来源于热带的以自然之美和浓郁的民族特色风情为主要展现形式的设计。因此，为了突出其自然、淳朴的特点，在设计的过程中，多数会采用绿色植物进行点缀，营造出当地的自然氛围。

这是一款度假酒店泳池套房休息区域的空间设计。空间取材于自然，通过实木元素与自然绿色景物相搭配，打造淳朴、清新、自然的空间氛围。

这是一款酒店内以"茅草"为主题的客厅休息区域的空间设计。空间通过原始的不加修饰的元素打造自然淳朴的休息空间，搭配绿色的植物，为淳朴的空间增添一丝活力与朝气。

配色方案

双色配色　　　　　　　三色配色　　　　　　　四色配色

 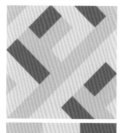 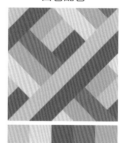

佳作欣赏

5.5 豪华度假式风格

在度假酒店的设计过程中，要结合考虑周围环境的人文地理、民俗风情、生态环境等多方面设计因素，遵循以人为本的设计理念，注重景观整体与建筑体的结合性和风格的统一性。

特点：

- ◆ 室外景色优美宜人。
- ◆ 注重室外绿化。
- ◆ 景观渗透设计。

5.5.1　豪华度假式风格酒店设计

设计理念：这是一款度假酒店客房内客厅区域的空间设计。将室内外紧密相连，在增强空间通透性的同时，为客人打造出舒适、独特的观赏空间。

色彩点评：空间色彩平和淡然，配以墨绿色的抱枕和黄绿色的装饰画进行点缀，为温馨的空间增添了一丝清新、自然的气息。

🌑 将客厅与室外观赏区域紧密相连，并在观赏区域放置两把舒适的椅子，通过以人为本的设计理念打造舒适惬意的观赏区域。

🌑 室内主要采用布艺沙发和实木材质，配以毛绒材质的层次丰富的地毯，为空间营造出温暖、安宁的空间氛围。

🌑 黄绿色的壁画在稳重、温馨的色调中显得尤为突出，在装饰空间的同时，也丰富了空间的配色，避免了单一色调带来的平淡之感，以免使客人们产生审美疲劳。

RGB=117,62,29 CMYK=54,79,100,28
RGB=48,89,80 CMYK=84,58,69,19
RGB=164,161,2 CMYK=45,33,100,0
RGB=22,12,6 CMYK=83,84,89,74

这是一款酒店内泳池平台区域的空间设计。将热带混搭主义风格贯穿整个公共区域，实木材质、布艺沙发，休闲吊椅搭配蓝天碧海等自然景物对环境进行渲染，打造安逸舒畅的空间氛围。

RGB=77,58,46 CMYK=67,73,80,41
RGB=161,171,177 CMYK=43,29,26,0
RGB=68,41,41 CMYK=68,81,76,50
RGB=174,127,86 CMYK=40,55,70,0

这是一款酒店室外观赏区域的空间设计。空间视线开阔，树木茂盛，搭配实木材质和布艺材质相结合的沙发，打造清新且舒适的观赏空间。

RGB=215,213,204 CMYK=19,15,20,0
RGB=196,153,98 CMYK=29,44,65,0
RGB=33,27,24 CMYK=80,80,82,65
RGB=139,146,78 CMYK=54,38,80,0

5.5.2　豪华度假式风格酒店设计技巧——为空间增添一抹鲜艳的红色

豪华度假式风格酒店多以蓝天碧海、繁枝茂叶等天然材料为主要的设计元素，在自然清新的空间中添加一抹鲜艳的红色，在丰富空间视觉效果的同时，也增强了空间的视觉冲击力。

这是一款酒店室外休息区域的空间设计。空间以实木材质为主要的设计元素，将不同颜色的酒瓶作为空间的装饰物品，通过清新且鲜艳的色彩来打造舒适且热情的休息空间。

这是一款酒店内起居室的空间设计。利用玻璃将室内外进行分割，使室内视野开阔，方便居住者观赏室外的景色。空间色彩沉稳平淡，将抱枕设置成鲜艳的红色，为平稳的空间增添了一丝热闹且充满活力的氛围。

配色方案

双色配色

三色配色

四色配色

佳作欣赏

5.6 小资民宿风格

民宿是一种来源于日本的小型住宿设施，能够让旅客们体验到当地的风土人情、自然景观以及生态环境。民宿主要分为艺术体验型民宿、复古经营型民宿、赏景度假型民宿和农村体验型民宿。不同的民宿类型服务宗旨有所不同，因此设计元素也各不相同。

特点：

◆ 原味朴素的生活气息。

◆ 以藤条、竹子、石材、木材为主要的设计材料。

5.6.1　小资民宿风格设计

设计理念：这是一款民宿客房区域的空间设计。空间整体氛围醇厚而温暖，打造宾至如归的空间氛围。

色彩点评：空间无论是背景还是设计元素，均以蓝色为主色，打造沉稳而深邃的空间氛围，搭配实木色和深灰色，通过平和沉稳的色调打造安静、闲适的居住空间。

🔵 将线条元素融入设计中，通过线条与线条之间的融合与交会，打造一个富有律动感的休息空间。

🔵 将相同元素应用到不同区域，麻绳元素作为上铺的隔断，搭配窗帘上的绑带，为空间营造出和谐统一之感。

- RGB=144,121,106 CMYK=52,55,57,1
- RGB=81,107,153 CMYK=76,58,26,0
- RGB=122,126,131 CMYK=60,49,44,0
- RGB=223,216,207 CMYK=15,15,18,0

这是一款主题民宿客房区域的空间设计。将空间的背景设置成琥珀色，色彩复古且浓郁，配以黑色和深灰色，将色彩进行沉淀。在床上铺盖针织材料的毯子，使空间整体氛围看上去更加温暖、舒适。

- RGB=168,163,96 CMYK=42,68,72,2
- RGB=136,165,172 CMYK=42,33,27,0
- RGB=63,64,73 CMYK=79,73,62,29
- RGB=209,102,65 CMYK=22,72,76,0

这是一款民宿内客房区域的空间设计。以实木材质为主要的设计元素，搭配灰色调的床上用品，打造平和淡然的空间氛围。在地面上摆设具有复古风情的地毯，通过多彩的配色和丰富的图案活跃空间的氛围。

- RGB=174,145,117 CMYK=39,45,54,0
- RGB=214,221,222 CMYK=19,11,12,0
- RGB=236,67,82 CMYK=7,86,58,0
- RGB=169,135,104 CMYK=41,50,60,0

5.6.2 小资民宿风格设计技巧——独特的设计手法增强空间的设计感

民宿有别于酒店,相对于酒店来讲,更加注重用户的体验性,因此在设计的过程中,民宿的客房不一定是奢华的,但要尽量突出自己的特色,增强空间的设计感,以便给居住者留下深刻的印象。

这是一款以"窑洞"为主题的民宿厨房空间设计。将现代元素与粗犷的岩石结合在一起,搭配地面的混凝土和木质材质,打造原始且温馨的空间氛围。

这是一款民宿内客房区域的空间设计。空间的设计元素简约而温馨,将线条元素融入设计中,并在床体下方设置可移动的装置,使用户可以将床的位置自由移动。

配色方案

双色配色

三色配色

五色配色

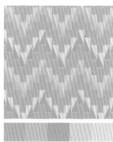

佳作欣赏

5.7 沉浸式主题风格

在现今社会，主题酒店逐渐成为酒店行业发展的新形态，在设计的过程中，通常情况下会以某一个特定的主题来体现酒店的风格和装饰艺术，使空间富有强烈的个性化与艺术气息。

特点：

◆ 主题明确，注重主题元素。

◆ 个性张扬。

5.7.1 沉浸式主题风格设计

设计理念：这是一款主题酒店内以"花园"为设计主题的客房空间设计。整体氛围丰富且自由，为旅客打造舒适、温馨的居住环境。

色彩点评：空间色彩丰富，冷暖搭配和谐，张弛有度，通过低饱和度的色彩之间的搭配打造平和且浪漫的空间氛围。

🌸 在墙面的背景上铺满了丰富且生动的装饰性花朵元素，与空间的主题相互呼应，并在床的左右两侧摆放绿色的植物进行点缀，使"花园"主题得以升华。

🌸 将线条元素应用到床头和床尾处，通过直线和曲线的结合打造富有层次感的浪漫空间。

RGB=156,127,114 CMYK=47,53,53,0
RGB=242,243,245 CMYK=6,4,3,0
RGB=216,149,161 CMYK=19,51,26,0
RGB=69,70,64 CMYK=75,67,71,31

这是一款酒店内以"音乐"为主题的就餐区域的空间设计。将天花板上的灯饰以乐器的形式进行呈现，与空间的主题相互呼应。并采用浓郁的色彩打造深邃且浪漫的空间氛围。

■ RGB=178,117,32 CMYK=38,60,99,1
■ RGB=154,67,56 CMYK=45,84,82,10
■ RGB=142,92,86 CMYK=51,70,63,6
■ RGB=45,27,11 CMYK=73,81,96,65

这是一款以"汽车"为主题的客房设计。将床位处设置成汽车车头的样式，通过实体元素的展现与主题相互呼应，烘托空间的主题氛围。

■ RGB=126,127,117 CMYK=58,49,53,0
■ RGB=205,209,208 CMYK=23,15,17,0
■ RGB=95,50,17 CMYK=58,80,100,41
■ RGB=189,43,35 CMYK=33,95,99,1

5.7.2 沉浸式主题风格设计技巧——相同元素的重复使用

主题酒店在设计的过程中也可以将一种或是一类相同的元素进行重复使用，在空间中形成律动性或者是为处在空间内的人们带来一种心理暗示，由此来烘托出主题的氛围。

这是一款以"电气"为主题的就餐区域的空间设计。将黑色的电线展现在墙壁之上，通过规整的布局在空间中形成一种装饰，打造充满主题氛围的空间效果。

这是一款酒店室外中庭区域的空间设计。重复使用的黑白线条元素使空间具有一种和谐统一之感。在水池中将线条元素连接成矩形，可以增强空间的层次感与空间感。

配色方案

双色配色	三色配色	五色配色

佳作欣赏

第6章 酒店设计的装饰元素

酒店设计除了常规的设计元素以外，还需要运用一些装饰元素来丰富空间效果，使整个空间既饱满又充满设计感。

酒店的装饰元素其实无处不在，它主要被承载于棚顶设计、特色家具、创意灯饰、景观绿植、艺术品陈列、挂画、饰品和科技产品等。

6.1 顶棚设计

　　顶棚是房屋建筑的重要组成部件，在设计的过程中，应充分考虑顶棚的样式、颜色、材质、明暗等设计元素，并基本遵循"上轻下重"的设计理念，使室内环境整体给人一种稳固、舒适、和谐的视觉效果。

特点：

◆　满足结构和安全需求。

◆　或轻快舒适，或恢宏大气。

◆　注重层次感。

6.1.1 酒店的顶棚设计

设计理念：这是一款酒店客房处的空间设计。空间将艺术绘画与顶棚造型相结合，打造充满艺术氛围的居住休息空间。

色彩点评：空间色彩的运用丰富、大胆，以青色为底色，将红、橙、黄、绿、青、蓝、紫等色彩结合在一起，打造热情、绚烂的艺术空间。

🔵 顶棚的中心处通过图案的绘制将棱角处弱化，使空间的绘图更加完整。

🔵 顶棚的四周采用黑色的描边，强化了棱角处，与绘制的图案区分开来，使空间的区域区分明确。

🔵 将地面和床体设置成实木材质，使空间的活跃氛围得以沉淀，为空间带来一丝温馨的气息。

- RGB=167,209,209 CMYK=40,8,20,0
- RGB=227,112,159 CMYK=14,69,14,0
- RGB=242,138,49 CMYK=5,58,82,0
- RGB=200,164,138 CMYK=27,39,44,0

这是一款酒店内餐饮区域的空间设计。将空间的顶棚设置成弧形，柔和了空间的整体氛围，营造出浪漫、温馨的空间氛围。将餐桌和座椅设置成半圆的形状，使图形元素在空间中相互呼应，营造出和谐统一之感。

- RGB=189,136,91 CMYK=33,53,67,0
- RGB=132,125,126 CMYK=56,51,46,0
- RGB=145,92,104 CMYK=52,71,51,2
- RGB=106,91,87 CMYK=64,64,62,12

这是一款酒店内就餐区域的空间设计。空间的顶棚处以布料材质为主要设计元素，通过褶皱的布料打造洞穴氛围的空间。

- RGB=214,191,163 CMYK=48,44,49,0
- RGB=97,96,108 CMYK=70,63,51,5
- RGB=99,83,68 CMYK=65,66,72,22
- RGB=215,223,228 CMYK=19,10,9,0

酒店的顶棚设计可以通过"凹"与"凸"的结合为空间营造出丰富的层次感，使空间整体更加大气且富有设计感。

这是一款酒店内用餐区域的空间设计。空间的棚顶采用十字木架作为装饰，通过灯光的照射使其明暗交替，创造出强烈的凹凸感，使空间整体效果具有十足的层次感。

这是一款酒店内酒吧餐饮区域的空间设计。该空间的棚顶处相互交错，通过不规则摆放的几何图形来活跃空间的气氛，营造出丰富的交错感与层次感。

配色方案

双色配色　　　　　　　　三色配色　　　　　　　　四色配色

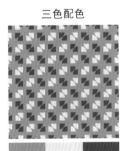

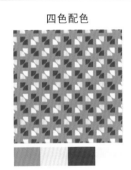

佳作欣赏

6.2 特色家具

　　家具是酒店之中的必备元素，在选择家具的过程中，设计师们常常会选择具有特色的创意家具，在细节之处提升用户的体验感，并可以增强整体空间的装饰效果。

特点：

◆ 根据酒店主题选择家具的风格。

◆ 简约且富有个性化。

◆ 设计合理且富有人性化。

6.2.1　酒店的特色家具设计

设计理念：这是一款酒店内酒窖处的空间设计。空间以木材为主要设计元素，打造温馨且充满设计感的空间效果。

色彩点评：空间以实木材质为主，因此色彩均采用实木色，搭配深灰色的墙壁，为客人带来低调且温暖的视觉效果。

⬤1 将酒架以倾斜的角度进行设计，木质的葡萄酒架让人们联想到书架，创意十足。

⬤2 在天花板处设置小巧的射灯，通过酒瓶的形状和灯光的照射，使空间具有强烈的明暗对比效果，增强空间的层次感与空间感。

RGB=220,181,147 CMYK=18,34,42,0
RGB=248,215,220 CMYK=3,16,17,0
RGB=46,37,31 CMYK=76,77,82,58
RGB=82,39,41 CMYK=62,58,77,46

这是一款酒店洗漱区域的空间设计。将置物架设置成梯子的样式，既可以当作置物架放置瓶瓶罐罐，又可以当作横向挂架放置毛巾，一举两得。

■ RGB=104,87,80 CMYK=64,66,65,16
■ RGB=165,152,142 CMYK=42,40,41,0
■ RGB=199,195,189 CMYK=26,22,24,0
■ RGB=217,216,218 CMYK=18,14,12,0

这是一款酒店内小型会议交谈区域的空间设计。空间氛围温馨、前卫，将左右两侧的座椅设置成弧形，并向内凹，人性化的设计方式能够增强客人的体验感和舒适感。

■ RGB=181,110,63 CMYK=36,65,81,1
■ RGB=158,128,100 CMYK=57,68,80,19
■ RGB=80,76,78 CMYK=73,68,63,22
■ RGB=51,30,18 CMYK=71,81,91,62

6.2.2 酒店的特色家具设计技巧——将家具元素与图形相结合

图形元素是一种永不过时的装饰元素，在选择家具时，图形元素与家具的结合能够打造出富有设计感的、前卫的空间效果。

这是一款酒店吧台处的空间设计。空间多处应用图形元素，选用与多个多边形相互结合的橘黄色椅子，空间感丰富且具有十足的创意感。

这是一款庄园主题酒店庭院外休息区域的空间设计。将椅子设置成圆锥体，并采用竹藤材质，营造出天然、纯粹的空间氛围。

配色方案

双色配色

三色配色

四色配色

佳作欣赏

6.3 创意灯饰

创意灯饰是酒店设计中必不可少的设计元素，通过不同程度的光照效果对空间的氛围进行渲染。通常情况下，设计师会通过场景的属性和灯光的类型将其进行结合，为每一位客人营造出温馨舒适且让人身心放松的空间效果。

特点：

◆ 多以暖色调为主。

◆ 种类繁多。

◆ 多采用较为暗淡的灯光。

设计理念：这是一款酒店内餐厅就餐区域的空间设计。围绕着"神秘"与"优雅"的氛围对空间进行装饰，打造出使人流连忘返的空间效果。

色彩点评：空间色彩深沉且柔和，将沙发设置成博艮第酒红色，通过低明度的色彩为空间营造出深邃且复古的就餐氛围。

🕐 将灯光设置在半透明的纱质材料内部，通过灯光的照射营造出神秘且浪漫的空间效果，并通过纱质材料尾端的金色镶边使整个空间氛围更加精致、高雅。

🕑 在座椅的后方采用与天花板上相同的纱质材料对空间进行分割，与空间的整体氛围相互呼应，同时也更深一步渲染了神秘、浪漫的氛围。

RGB=240,224,212 CMYK=7,15,16,0
RGB=81,50,55 CMYK=67,81,69,39
RGB=26,22,27 CMYK=85,85,76,66
RGB=23,17,23 CMYK=86,86,77,69

这是一款酒店就餐区域的空间设计。将灯光与手工编织的藤条造型结合在一起，通过长度和宽度变化为空间展现出强烈的层次感与设计感。

RGB=235,184,141 CMYK=10,35,45,0
RGB=158,115,68 CMYK=46,59,80,3
RGB=205,181,156 CMYK=24,38,31,0
RGB=83,55,35 CMYK=63,75,89,42

这是一款酒店内大厅处的空间设计。将吊灯设置在天花板的中心处，独特的造型好似围绕中心线飞舞的蝴蝶，为空间营造出质朴且自然的空间氛围。

RGB=111,111,105 CMYK=64,56,57,3
RGB=123,122,117 CMYK=60,51,52,1
RGB=194,193,186 CMYK=28,22,25,0
RGB=153,150,133 CMYK=47,39,47,0

6.3.2 酒店的创意灯饰设计技巧——独特的造型打造设计感极强的空间效果

　　无论在何时何地，独特的造型总能够瞬间吸引受众的视线，因此在选择酒店创意灯饰时，应着重注意造型的独特性，使空间更具设计感。

　　这是一款酒店的公共空间设计。空间通过缤纷的色彩打造出欢快、祥和的氛围。灯具是由线条组合而成，轻薄而柔和，与下方厚重的家具形成鲜明的对比，将空间的轻重感进行中和。

　　这是一款酒店内休息洽谈区域的空间设计。天花板上的创意灯饰以放射性线条为主要设计元素，并以中心点开始向外部进行发散，使上方空间在视觉上得以扩张。

配色方案

双色配色

三色配色

五色配色

佳作欣赏

6.4 景观绿植

随着社会的发展与进步，自然元素已经发展为人们越来越崇尚的装饰元素之一，因此在酒店设计的过程中，少不了景观绿植的加入。景观绿植并不是可以随意地进行摆放，而是要对植物的品种和场所的规模与属性进行悉心的甄选。

特点：

◆ 种类繁多。

◆ 自然清新。

◆ 生态环保。

设计理念：这是一款酒店内休息洽谈区域的空间设计。空间以"城市夹缝中的热带风情"为设计主题，打造自然、朴实的空间氛围。

色彩点评：空间以清淡、柔和的浅绿色为背景色，搭配来自大自然中的竹藤的颜色，仿佛把大自然搬到室内，营造出温馨、舒适的空间氛围。

在座椅的周围添加绿色的植物，无论是在色彩上还是在材质上，都通过与竹藤座椅的结合为空间营造出了自然、纯净的空间氛围。

空间将竹藤座椅与实木座椅进行穿插摆放，既丰富了空间的设计元素，又为朴实的空间增添了一丝现代气息。

RGB=227,236,233 CMYK=14,5,10,0
RGB=180,147,124 CMYK=36,45,50,0
RGB=234,232,236 CMYK=10,9,6,0
RGB=181,176,177 CMYK=34,30,26,0

这是一款酒店室外休闲处的景观绿植设计。将绿植布满右侧的整个墙壁，搭配排列整齐的青翠的小树苗，并将座椅和棚顶设置成实木材质，打造与大自然紧密相关的空间氛围。

RGB=71,103,25 CMYK=77,51,100,15
RGB=141,84,54 CMYK=50,73,85,13
RGB=157,156,149 CMYK=45,36,39,0
RGB=145,204,70 CMYK=51,1,85,0

这是一款酒店入口和顶棚处的空间设计。在每一格内都以相同的排列方式摆放着相同的植物，使空间整体具有和谐统一之感。同时，通过植物的点缀使沉稳的空间氛围变得活跃起来。

RGB=112,116,117 CMYK=64,53,51,1
RGB=207,197,195 CMYK=22,23,20,0
RGB=159,119,93 CMYK=46,58,65,1
RGB=79,111,65 CMYK=75,49,88,10

6.4.2 酒店的景观绿植设计技巧——室内景观绿植为空间增添自然气息

酒店设计的景观绿植不仅是指室外，也可以在室内设置绿植景观，用以活跃室内的氛围，营造出清新、自然的空间效果。

这是一款酒店内中厅休息区域的空间设计。将该休息区域设置在二楼，高挑耸立的绿色植物使整个休息空间更加轻松、自然。

这是一款酒店内餐厅就餐区域的空间设计。将绿色植物有秩序地排列在空间的左侧，通过规整的布局增强空间的秩序感，同时也营造出舒适的就餐氛围。

配色方案

双色配色

三色配色

五色配色

佳作欣赏

6.5 艺术品陈列

随着人们对于酒店居住环境的要求越来越高，艺术品的收藏也早已融入酒店设计中，设计师们通常会在酒店空间内摆放艺术品，对空间的氛围进行渲染。

特点：

◆ 稳重大气。

◆ 具有强烈的艺术感。

◆ 陈列方式多种多样。

6.5.1 酒店的艺术品陈列设计

设计理念：这是一款酒店入口处局部的空间设计。空间以"艺术与工业相呼应"为设计主题，通过艺术品的陈列和裸露的砖墙与空间的主题相互呼应。

色彩点评：空间色彩沉稳而平和，配以低调的小射灯对局部进行照射，打造深沉而纯粹的空间氛围。

⓵ 空间采用不加修饰的水泥墙面和凹凸不平的裸露砖墙，打造工业化的商业空间。

⓶ 地面上"人"字形的地砖低调却不失韵律，通过实木的纹路和深浅的变化打造富有层次感且不失变化的地面效果。

RGB=132,116,71 CMYK=56,54,80,5
RGB=76,75,67 CMYK=73,66,71,28
RGB=59,49,33 CMYK=72,73,87,51
RGB=59,73,80 CMYK=81,69,67,24

这是一款酒店客房内客厅区域的空间设计。空间氛围活跃、热情，在壁炉的左右两侧陈列风格迥异的艺术品对空间进行装饰，使空间的氛围更加活跃、饱满。

RGB=91,67,49 CMYK=64,71,82,33
RGB=17,17,17 CMYK=87,83,82,72
RGB=145,83,61 CMYK=48,74,79,11
RGB=167,158,91 CMYK=43,36,72,0

这是一款酒店内场地博物馆的空间设计。在空间中以多种形式进行艺术品的陈列，将多种风格的艺术品结合在一起，营造出活跃、热情的空间氛围。

RGB=211,181,143 CMYK=22,32,45,0
RGB=227,215,189 CMYK=16,14,28,0
RGB=74,48,8 CMYK=65,76,100,49
RGB=49,65,76 CMYK=85,72,61,28

6.5.2 酒店的艺术品陈列设计技巧——雕像增强空间的艺术氛围

雕像是反映社会生活、表达艺术家审美感受、审美理念的艺术性存在。在酒店设计的过程中，雕像的陈列能够进一步地渲染空间的氛围，增强空间的艺术气息。

这是一款酒店大堂处的空间设计。将人物雕像放置在楼梯口处，在空间中格外显眼。人物雕像平和而沉稳，与深灰色调的空间整体氛围相互呼应，营造出和谐统一之感。

这是一款酒店内楼梯转角处的空间设计。在转角处设置人物雕像，将具有年代感的雕像造型与周围不加精致修饰的墙面融为一体，打造出具有年代感的空间氛围。

配色方案

双色配色

三色配色

四色配色

佳作欣赏

6.6 挂画

挂画是酒店设计中较为常规、常见的装饰元素之一，通常情况下几乎每个酒店设计都会有挂画的存在，因此在选择挂画时，要着重考虑挂画的设计感和艺术感，使其在空间中更加突出。

特点：

◆ 具有强烈的艺术感。

◆ 多以矩形形式进行展示。

6.6.1 酒店的挂画设计

设计理念：这是一款酒店内休息室的空间设计。空间以雕塑画像为主要装饰元素，打造具有强烈艺术感的休息空间。

色彩点评：空间以低调沉稳的色彩为主，营造出神秘且深沉的空间氛围。

1 将艺术品挂画与彩色的马赛克相结合，在色彩方面为沉稳的氛围增添一丝活跃的气氛。同时艺术挂画与马赛克的结合也体现出了艺术与现代化元素的碰撞，打造富有历史感的前卫空间效果。

2 通过简易的灯带将空间进行照亮，使空间中展示架的部分更加突出，提高挂画的曝光率。

3 在空间右侧摆放雕塑，与挂画的内容相互呼应，使空间具有和谐统一之感。

RGB=195,155,130 CMYK=29,43,47,0
RGB=31,29,30 CMYK=83,80,77,63
RGB=87,69,59 CMYK=67,70,74,31
RGB=164,122,65 CMYK=44,56,83,1

这是一款酒店内餐厅就餐区域的空间设计。将挂画分散开来放置在背景墙上，既对空间进行装饰，又活跃了空间氛围，营造出欢快、柔和的就餐氛围。

RGB=229,228,224 CMYK=12,10,12,0
RGB=168,165,156 CMYK=40,33,36,0
RGB=140,128,128 CMYK=53,50,45,0
RGB=44,30,25 CMYK=75,80,83,63

这是一款酒店套房内休息区域的空间设计。空间色彩神秘、庄重，选择橘红色的挂画作为装饰，在点亮空间的同时也能够活跃空间的氛围。

RGB=34,34,36 CMYK=83,79,75,59
RGB=157,159,163 CMYK=45,35,31,0
RGB=223,217,189 CMYK=26,16,12,0
RGB=162,85,54 CMYK=43,76,85,6

6.6.2 酒店的挂画设计技巧——简约风格的挂画使空间更加精致

简约风格简而言之就是简单且富有品位。在酒店设计的过程中，我们可以选择简约风格的挂画对空间进行装饰，通过简约却不简单的装饰元素使空间更加精致、有品位。

这是一款酒店内客房处的空间设计。在床头的上方摆放简约风格的挂画，以黑、白二色为主，通过简单的线条进行呈现，烘托出空间简约而又温暖的氛围。

这是一款酒店客房处的空间设计。通过松木饰面打造温馨舒适的居住环境。床头处放置简约且与空间氛围相呼应的挂画进行装饰，为空间营造出和谐统一之感。

配色方案

双色配色

三色配色

四色配色

佳作欣赏

6.7 饰品

饰品是酒店设计中一种必不可少的装饰元素，通过饰品对空间的点缀，使空间的整体效果更加和谐活泼、生动有趣。

特点：

◆ 灯光色调统一，简单大方。

◆ 铺设地毯，以防滑倒。

◆ 墙壁装饰提升艺术气息。

6.7.1 酒店的饰品设计

设计理念：这是一款酒店大堂休息区域的空间设计。空间以"充满地道的伦敦风味"为设计主题，与富有当地文化的元素紧密相连，打造温暖而富有年代感的空间氛围。

色彩点评：空间色彩平和稳重，采用黑色和深灰色的沙发奠定了空间沉稳的感情基调。然后搭配深蓝色和深卡其色，为空间增添了温馨、柔和的氛围。

将灯光设置在墙壁的两侧，小巧的光线照射在左右两侧的墙面上，在照亮空间的同时也使空间充满了设计感。

地面上的花纹元素与墙面上的实木材质相呼应，使空间有了和谐统一之感。

RGB=61,61,70 CMYK=79,74,63,31
RGB=84,115,144 CMYK=74,53,34,0
RGB=157,136,123 CMYK=46,48,49,0
RGB=212,159,52 CMYK=23,43,86,0

这是一款酒店内客房细节处的空间设计。在背景墙处放置海鸥样式的装饰品，并与椅子的色彩相互呼应，为空间营造出自然、活跃的氛围，同时也增强了空间的动感。

RGB=223,215,202 CMYK=16,16,21,0
RGB=96,62,36 CMYK=60,74,92,36
RGB=221,146,75 CMYK=17,51,74,0
RGB=151,83,34 CMYK=46,74,100,10

这是一款酒店公共休息区域的空间设计。空间以"树木"为主要设计元素，并将其作为背景墙上的装饰物，与空间的整体氛围相呼应，营造出温馨、醇厚的空间氛围。

RGB=151,137,122 CMYK=48,46,51,0
RGB=199,138,97 CMYK=27,53,63,0
RGB=126,126,126 CMYK=58,49,46,0
RGB=166,164,159 CMYK=41,33,35,0

6.7.2 酒店的饰品设计技巧——圆形装饰元素活跃空间氛围

不同的图形元素会为空间带来不同的视觉效果，在酒店设计的过程中，圆形的装饰物在活跃空间氛围的同时，还能够为空间营造出柔和、优美的视觉效果。

这是一款酒店就餐区域的空间设计。圆形和半圆形元素贯穿整个空间，并以橙色系饱满的圆形装饰物对空间进行点缀，打造优雅、柔和的就餐氛围。

这是一款酒店内公共休息区域的空间设计。黑色圆形且带有纹理的装饰物，好似附有一圈圈年轮的树根，层次丰富、质感饱满，与凹凸不平的墙面形成呼应。

配色方案

双色配色

三色配色

四色配色

佳作欣赏

6.8 科技产品

人工智能已经逐渐走进并时刻影响着人们的日常生活，因此在科技日益发达的今天，酒店设计也会有科技产品的融入。

特点：

◆ 具有私密性。

◆ 增加摆设，舒缓气氛。

◆ 避免呆板的布局。

6.8.1 酒店的科技产品设计

设计理念: 这是一款酒店内地下休闲区域的空间设计。空间以"真实的森林生活"为设计理念,通过瀑布、岩石、苔藓、植物等元素为居住者打造最真实的生活于森林之中的体验。

色彩点评: 摒弃了富有设计感的颜色搭配对空间进行装饰,通过蓝色、绿色、青色、黑色、白色等源于自然的色彩打造自然、梦幻的空间氛围。

🔵 空间的层次感饱满且丰富,以半圆形为主要设计元素对空间进行装饰,湍急的水流从井沿上的瀑布流入地下的石窟,到末端处泛起白色的烟雾,使空间富有强烈的流动性和丰富的动感。

🔵 在水池的四周配以白色的弧形灯带,搭配白色且向外扩散的烟雾,打造梦幻且富有科技感的空间氛围。

RGB=151,203,211 CMYK=45,9,19,0
RGB=18,29,30 CMYK=89,79,78,63
RGB=112,158,140 CMYK=62,28,49,0
RGB=246,247,245 CMYK=5,3,4,0

这是一款酒店内房屋外观的空间设计。房屋的立面由一块块单向玻璃组合而成,这种设计能够创造出一种微妙的界限,使室内的人们在观赏室外风景的同时也能保证室内的私密性。将自然风景与室内休息区域通过科技化的手段紧密地联系在一起,打造自然与虚幻并存的科技空间。

RGB=234,218,197 CMYK=11,17,24,0
RGB=164,172,180 CMYK=41,29,24,0
RGB=103,115,131 CMYK=68,54,42,0
RGB=118,154,204 CMYK=59,36,8,0

这是一款酒店内走廊区域的空间设计。左右两侧的房间以弧形为主要设计元素,并通过灯光与材质的搭配创造出灵动感、流动性和科技感十足的空间效果。

RGB=151,153,132 CMYK=48,37,49,0
RGB=9,5,4 CMYK=89,87,87,77
RGB=240,241,235 CMYK=8,5,9,0
RGB=225,225,224 CMYK=14,11,11,0

6.8.2 酒店的科技产品设计技巧——通过色彩渲染空间的科技氛围

色彩有着先声夺人的作用，在酒店设计的过程中，科技感的氛围可以通过色彩的搭配与灯光的照射相互结合进行体现，通常情况下会采用蓝色、紫色、白色、黑色等色彩对空间进行装饰。

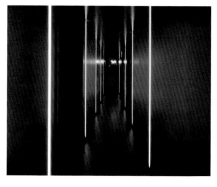

这是一款酒店外观处的空间设计。以紫色为主色，搭配白色的简约灯带和深灰色的背景，打造出梦幻且充满科技感的酒店外观空间效果。

这是一款酒店走廊处的空间设计。以深邃的黑色为主色，不加任何修饰，并通过白色的简约灯带将空间照亮，营造出神秘且富有科技感的空间效果。

配色方案

双色配色

三色配色

四色配色

佳作欣赏

第 **7** 章　酒店设计的秘籍

　　酒店是人们度假游玩、工作出行等活动中的首选居住场所，随着旅游业的不断发展和人们生活水平的逐渐提高，人们对于酒店环境的要求也越来越高，因此酒店的等级与档次也随之提高，设计师在设计的过程中也逐渐掌握了设计的方法和技巧，本章就来学习酒店设计的一些秘籍。

7.1 色彩和谐与材料和风格相统一

　　酒店设计中的色彩搭配要根据酒店的整体定位、发展路线和整体装修风格进行选择，温馨、科技、简约、浪漫、甜蜜、华丽等视觉效果的酒店氛围均可采用颜色进行渲染。当然，在选择颜色的同时，需要注意颜色与材料、空间的整体风格和谐统一，避免尴尬、突兀的设计效果。

这是一款酒店大厅休息区域的空间设计。

● 空间色彩以暖色调为主，橙色系的配色方案为空间营造出温馨且温暖的空间氛围。

● 将实木元素贯穿整个空间，搭配暖色系的色彩和从室外接收的自然光，进一步渲染室内的气氛。

这是一款酒店餐厅就餐区域的空间设计。

● 将座椅设置成洋红色，高饱和度的色彩使空间氛围更加浪漫、热情，搭配温暖的灯光，打造自然、温馨又不失优雅的就餐环境。

● 实木和竹藤材质均是大自然的产物，质地温暖，色彩温厚而平和。

这是一款酒店客房内浴室区域的空间设计。

● 空间以黑色为主色，宁静而沉稳，却通过不同的材质活跃空间氛围，搭配白色和灰色相间的大理石台面，利用无彩色系打造低调却充满变化的时尚空间。

● 空间中的元素相辅相成，色彩、风格与材质之间的组合搭配和谐而统一。

7.2 灯光照明可以成为气氛的催化剂

灯光是酒店设计中必不可少的设计元素，在酒店设计的过程中，可选取灯光的类型较为丰富，如顶灯、吊灯、射灯、床头灯、夜间灯、壁灯等，但不论风格和样式如何变化，在大多情况下，灯光的设计都会拒绝高亮和冷色调，而是选用暖色调的灯光对空间进行装饰与照亮，且数量较多，分布较散。

这是一款酒店客房处的空间设计。

- 空间将床头灯和壁灯组合在一起，暖色调的光源使色彩浓郁且深邃的空间变得温馨舒适。
- 将灯光元素以对称的形式进行呈现，与室内的整体装修风格和谐统一。

这是一款酒店客房内的空间设计。

- 将灯光均匀地分布在空间的上方，由于亮度较高，因此灯光的体积较小，以此来避免太过明亮的光照效果影响温馨的休息氛围。
- 将座椅、床、浴缸、洗手池等实用性元素以"一"字形进行排列，搭配丰富且温暖的色彩，打造纯粹并带有浓郁的传统风格的休息空间。

这是一款酒店就餐区域的空间设计。

- 空间设计打破常规，将灯光与"草帽"元素结合在一起，由于"草帽"独特的形态，会使灯光以特定的角度向外发散，并对灯光的亮度进行中和，打造自然、温暖且充满设计感的就餐环境。

7.3 镜子的应用，丰富设计元素，增强空间层次感

　　酒店设计中的镜子既是空间的装饰元素，又具有实用价值，多以圆形或矩形的样式进行呈现，镜子元素不论摆放在任何位置，都可以将对面的场景进行反射，因此能够使空间视野更加开阔。

这是一款酒店卫生间区域的空间设计。

● 空间将多个圆形的镜子叠加在一起，组合出一个新的且富有流动性的镜子元素。
● 通过涂鸦的壁画对空间进行装点，色彩跳跃、风格活泼，为空间注入了富有创意的奇思妙想。

这是一款酒店卫生间区域的空间设计。

● 将两个相同样式的镜子元素并列摆放在一起，可以增强空间的律动感。
● 空间色彩丰富，并重复使用相同的图形元素和线条元素，使狭小的空间丰满、充裕。

这是一款酒店客房的空间设计。

● 镜子元素从有形到无形，贯穿于整个空间。
● 房间右侧镜面的设计使空间的左右两侧，你中有我，我中有你。
● 房屋内地面、墙面和天花板相辅相成，像是通过镜子反射出来的一样。

7.4 别具一格的住宿登记处，奠定酒店的情感基调

　　酒店内的住宿登记处是客人进入酒店后，首先接触到的第一场所，好的住宿登记处设计能够给客人留下好的第一印象，同时也可以通过该场景的设计奠定整个空间的情感基调，让客人在走进酒店的第一时间感受到该酒店的风格和档次。

这是一款酒店内住宿登记处的空间设计。

- 空间的色彩较为平稳和谐，在天花板处将灯光以线条的方式进行呈现，增强了整体氛围的空间感和层次感，同时也使整个空间更加现代化。
- 将吧台后方的背景设置成深灰色且带有大理石纹理，高雅而不失动感，酒店的标志设置在最为显眼的位置，能够起到再次宣传的作用。

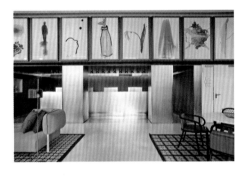

这是一款位于米兰休闲娱乐酒店的住宿登记处设计。

- 空间元素丰富、色彩多变、氛围活泼。
- 在空间的上方设有简约风格的装饰画，可以活跃空间氛围。
- 将吧台设置成金属材质，并通过反射出来的多彩金属光泽为空间营造出华丽且充满个性化的空间效果。
- 将左右两侧休息等候区域的地毯设置成格子图案，打造十足的米兰风情。

这是一款以"帐篷"为主题的酒店住宿登记处设计。

- 登记处的设计应与酒店的主题相互呼应，因此将登记处与休息区域设计成帐篷的样式，与酒店的主题相得益彰。
- 空间氛围贴近于大自然，采用水磨石、木材、竹子、纺织品等材质塑造出原生态的独特空间。

7.5 增强室内采光，使房间变得温馨舒适

　　不论是居家卧室设计还是酒店的客房设计，室内的采光效果都是设计过程中必不可少的重要元素之一，尤其是当房间面积较小时，可以通过增强室内采光效果来增强空间的通透感，以此来避免室内紧张、狭小的紧迫氛围，提升居住体验。

这是一款酒店客房的空间设计。

- 客房设计的亮点在于大面积的玻璃门窗，能够使室内更加完全地接受室外的光线，使空间氛围更加温馨、和谐。
- 特定的窗格条和竖框是按照一定的比例设计的，使人们在身处室内观赏室外的风景时能够更加舒适。

这是一款酒店客房处的空间设计。

- 该空间的面积较小，将大面积的窗户以倾斜的角度进行设计，增大室内接收光线的角度。
- 地毯上的线条设计使室内环境更加饱满，同时也通过线条的叠加与切断效果营造出丰富的层次感与空间感。

这是一款酒店客房处的空间设计。

- 空间设有三扇大面积的纵向落地窗，用来增强空间的透光性。
- 墙面、地面多处采用大理石纹理，并以白色作为底色，优雅和谐、纯净高贵，打造时尚且不失优雅的居住环境。
- 将最左侧的地面设置成深实木色，稳重而沉静，使空间的氛围得以沉淀。

7.6 层次分明，注重房间的私密性

酒店内的客房设计应该层次分明，精确地规划好每个区域的功能与用途，使客人一目了然，同时也应该注重房间的私密性，为客人打造具有功能性和私密性的舒适空间。

这是一款酒店客房处的空间设计。

● 在床尾处摆放了一个多功能的置物架，既是装饰，又能将居住空间与休闲空间分割开来，并配以智能电视，具有观看电视、装饰空间、摆放物品、学习办公的多功能用途。

● 配色简约，装饰简单，为空间带来和谐、宁静之感。

这是一款酒店客房处的空间设计。

● 床头的设计一举两得，还可以作为空间左右两侧的隔断，将休息区域与学习办公区域分割开来，注重每个区域的私密性。

● 空间配色沉稳平和，营造出温馨、安闲的空间氛围。

这是一款酒店客房处的空间设计。

● 在床尾处设置宽厚的黑色隔断，将洗浴区与居住区分割开来，使每个空间各司其职，互不干涉。

● 墙面、地面多处采用大理石纹理，空间以黑、白、灰为主色调，搭配少许的浅红色作为点缀，为平淡的空间增添了一丝温暖的色彩。

7.7 鲜花绿草，焕发室内外生机

　　鲜花和绿草是大自然的产物，在科技与工业越来越发达的今天，人们的生活与工作压力越来越大，回归自然已经逐渐成为人们的心愿与梦想。因此在酒店设计的过程中，植物元素的加入能够使空间氛围更加清新、和谐，满足人们对于自然环境的需求，营造出舒适、自然的居住环境。

这是一款酒店大厅休息区域的空间设计。

- 空间摒弃了现代化、科技化的装饰元素，而是在空间的四周摆放丰富的植物，营造出自然、清新的空间氛围，使人们身心放松。
- 空间采用浅绿色的背景，搭配实木地板、竹质座椅和沙发上的纺织物，打造柔和、亲切的休息环境。

这是一款酒店内洽谈区域的空间设计。

- 空间以"置身于绿色海洋"为设计主题，将洽谈区域融入植物园林的氛围内，搭配实木材质，使人仿佛置身于大自然之中。
- 空间色调沉稳平和，玻璃门窗的设计使室内外的连接更加紧密，打造轻松、自然的洽谈环境。

这是一款酒店外观的空间设计。

- 酒店外观的墙壁上布满了绿色的植物，由于墙壁与门窗的间隔使植物的排列更加规整有序，但植物的生长是不完全受限制的，自然、随意，通过两者之间自由与约束之间的对比，打造独特的酒店室外空间。
- 室外的玻璃门窗以鲜艳的红色作为主色，搭配植物的自然清新的绿色，色彩对比强烈，但是饱和度较低，因此氛围和谐融洽，并带有一丝复古的韵味。

7.8 个性鲜明的建筑外观给人们留下深刻的印象

　　酒店的外观是与客人打交道的第一通道，外观设计得好坏会直接影响客人是否有欲望走进酒店内，是决定客人消费与否的重要因素。因此，个性鲜明的酒店外观设计能够给来往的行人留下好的第一印象，从而达到促进消费的目的。

这是一款酒店建筑外观的空间设计。

● 空间摒弃了平面化的常见的外观设计，而是将立面的弧形元素融入建筑中，将该元素整齐有序地重复使用，打造现代化的时尚建筑效果。

● 单独的酒店建筑总是显得有些单调，将酒店的周围进行丰富得体的绿化设计，可以起到良好的衬托作用。

这是一款酒店建筑外观的空间设计。

● 外观的整体由菱形元素组合而成，通过颜色的"深"与"浅"和立面的"凹"与"凸"之间的对比，为建筑营造出强烈的空间感与层次感。

● 菱形元素的组合形成了"点动成线，线动成面"的模式，流动性强且富有动感。

这是一款度假酒店室外的空间设计。

● 空间以"别具一格的筏上住宿"为设计主题，将酒店设置成一个漂浮于水面的度假胜地，舒适又别致。

● 客房与客房之间相互连接成一条弯曲的弧线，却又相互独立，使空间整体性与私密性并存。

7.9 注重墙面的装饰，避免空洞的居住氛围

客房内墙面的装饰能够进一步营造空间的氛围，通常情况下会通过色彩、图形、造型、装饰画等元素对空间的氛围进行进一步的渲染，在选择装饰元素的同时，需要注意的是，装饰元素的风格要与周围环境的风格相统一，以避免产生杂乱、突兀的设计效果。

这是一款酒店客房内客厅处的空间设计。

- 室内设计摒弃了中规中矩的房屋框架，而是将房屋设计成造型丰富且左右对称的效果，使元素单一，色彩平和的空间产生一些视觉上的变化，使空间氛围不再平凡、单调。
- 由于空间顶部的造型丰富，因此在设计灯光时选择了简约、单一的小射灯和壁灯，将复杂与简单相结合，打造和谐舒适的空间氛围。

这是一款酒店客房的空间设计。

- 空间色彩平和、装饰简约，搭配色彩丰富且线条流畅的墙壁装饰，为空间带来丰富的动感和流动性。
- 将线条元素贯穿在整个空间，简约、前卫，打造出温馨、时尚的居住环境。

这是一款酒店客房处的空间设计。

- 采用图形元素对墙面进行装饰，通过图形与图形之间的组合，并搭配黑、白、灰的色彩，组合成一个个小的立方体，使空间富有强烈的层次感。
- 空间色彩沉稳，通过明度的高低使背景墙的立体感更加强烈。

7.10 地毯设计，提高用户体验的舒适度，使空间氛围得以升华

　　酒店空间设计少不了地毯的选择与应用，由于地毯的独特材质，会为空间营造出温馨、温暖的空间氛围，同时，柔软的触感能够提高用户体验的舒适度。

这是一款酒店内走廊处的空间设计。

- 用地毯将地面全部覆盖，大面积的米色地毯使空间更加温暖，使来往的行人身心放松。
- 采用与空间相互呼应的色彩，营造出温馨、舒适的空间氛围。
- 在空间的左右两侧摆放吊椅和座椅，供客人们休息，人性化的设计使客人具有宾至如归的轻松、惬意之感。

这是一款酒店客房处的空间设计。

- 黑白相间的地毯简约却不失艺术感，与热情活跃的壁画相互中和，使空间主次分明。
- 空间色彩温馨舒适，搭配黄色系的座椅，将空间整体的色彩进行提亮。

这是一款酒店客房内客厅的空间设计。

- 空间温馨舒适，用铺满字母花纹的地毯活跃空间氛围，使安静、平和的空间有了一丝活力。
- 空间采用实木地板、米色家具和灰色的墙面，打造柔和、亲切的休息空间。

7.11 窗帘满墙拖地，层次丰富

　　窗帘是酒店设计中小而有力的设计元素，它们在空间中尽管不是最为抢眼的，却是不可或缺的。酒店设计中的窗帘通常会选取多层次的、布满墙面的、落地的样式，可以增强空间的垂感、稳固空间的氛围。

这是一款酒店客房内的空间设计。

- 窗帘从天花板处一直垂挂到地面，色彩深沉，将墙壁上清新的绿色和活跃的格子图案进行中和，使空间氛围沉稳下来。
- 窗帘采用格子图案，与墙壁的装饰相互呼应，使空间元素与元素之间相互呼应，整体氛围和谐而统一。

这是一款酒店内客房的空间设计。

- 由于房间面积较大，增加窗户的面积与数量能够增强空间的采光效果，因此将窗帘悬挂在整个墙壁，可以使空间的氛围更加饱满、充盈。
- 选择层次丰富的窗帘，白天将遮光窗帘散开，采用透光的纱质窗帘，为空间营造出柔和、优雅的氛围。

　　这是一款酒店内楼梯转角处休息区域的空间设计。

- 窗帘选取鲜亮活跃的黄色与柔和纯净的浅灰色和白色相搭配，以色块的方式进行展现，亲切、时尚、前卫且充满设计感。
- 空间色彩丰富，对比强烈，富有强烈的视觉冲击力。

7.12 走廊、楼梯的设计，追求艺术感与品质

　　酒店内的走廊是每一个入住客人的必经之路，因此，走廊的设计在整个酒店设计中占有十分重要的位置，或恢宏大气，或温馨舒适，要与酒店的外观和大堂的风格相统一，打造令人流连忘返的行走空间。

这是一款酒店内走廊区域的空间设计。

- 在走廊的右侧设置小巧而精致的座椅供来往的行人等候休息，人性化的设计方案能够在无形之中提升酒店的体验感。
- 走廊空间狭小绵长，因此左侧采用玻璃材质，增强空间的透光性，同时也使行走的客人视线更加开阔，弥补空间在面积上的不足。

这是一款酒店走廊处的空间设计。

- 空间整体氛围宏伟壮观，裸露且不加装饰的方形水泥支撑柱排列整齐，为空间打造出坚固、大气的氛围。
- 实木地板的设置深浅交替，营造出丰富的层次感。

这是一款酒店内楼梯处的空间设计。

- 楼梯在末尾处采用转角的设置，使整体具有延伸感与完整性。
- 空间通过精致的吊灯、简约的壁灯、华美的装饰雕花，打造优雅、精致的氛围。
- 在吊灯的正下方设置两把橘黄色的座椅，通过色彩来活跃空间氛围。

7.13 设置休闲娱乐空间，营造轻松娱乐的休息环境

休闲空间的设置是酒店设计之中较好掌握的加分项，让客人在停歇休息的同时还能够体验到阅读、健身、游泳等休闲娱乐的项目，丰富客人在酒店内居住的时光，给客人留下良好的印象。

这是一个酒店内休息阅读区域的空间设计。

- 空间中最为鲜艳的则是红色的丝绒材质地毯，精致且华丽，与周围抛光混凝土地面形成鲜明的对比。
- 将沙发设置成黄褐色，搭配顶棚灯光的照耀和周围元素的渲染，为空间营造出精致、奢华的氛围。

这是一款学生酒店内健身区域的空间设计。

- 为了活跃空间的氛围，将空间的主色设置成青蓝色，打造时尚且富有动感的健身空间。
- 墙面上鲜艳的数字标识采用纯净的白色，使其在青蓝色的空间中尤为突出。

这是一款酒店内游泳区域的空间设计。

- 环形的半开放泳池内灯光昏暗，并围绕泳池设有休息区域，为客人带来舒适、放松的体验。
- 在天花板上设置了与水池相同形状的造型，并将灯光设置在造型之内，使其散发出较为微弱的黄色系灯光，在营造温馨氛围的同时也避免了太过明亮的灯光对游泳者眼睛的刺激。

7.14 一步一景，步移景换

所谓"一步一景，步移景换"，是指在进行酒店设计的过程中，每个空间相互关联却又是相互独立的存在，在不同的空间内注入不同的元素，当视线随着脚步的移动发生变化时，眼前的景象也会随之变化。

这是一款酒店客房内的空间设计。

- 空间分为两个部分，分别是室内居住休息区域和室外休闲观赏区域，通过古色古香的青铜架子对空间进行区分。
- 室内色彩淡雅，室外风格沉稳平和，为客人打造温馨舒适、亲切自然的空间氛围。

这是一款酒店内走廊休息区域的空间设计。

- 走廊休息区域与楼梯口处紧密相连。
- 远处白色的灯光照亮了白色的圆柱和拱门，搭配格子纹理的地面和风格活跃的地毯，打造现代化的时尚休息空间。

这是一款酒店内客房的空间设计。

- 空间通过拱形的门窗将室内外连接在一起，当人们走出室内时，便可观赏到外面的海景，贴近自然，轻松宜人。
- 空间展现了陶土、混凝土、木材元素等质朴的纹理，营造出舒适惬意的休息空间。

7.15 丰富的配色方案活跃空间氛围

我们生活在色彩所组成的世界里，没有了色彩，世界将会变得索然无味。同样，色彩对于酒店设计来讲，也是十分重要的装饰应用元素，在设计的过程中，将丰富的色彩种类进行综合搭配，能够使空间的氛围更加活跃、生动，使静态的空间充满变化感。

这是一款酒店内酒吧吧台区域的空间设计。

- 将吧台的上层空间设置为由数千根彩色细线构成的独特装置，色彩丰富、变化自然，使色调沉稳的空间更具设计感。
- 彩色细线装置具有一定的角度，倾斜的线条为空间增添了些许动感。
- 金属光泽的吧台与裸露的砖墙形成了鲜明对比，增强了空间视觉冲击力。

这是一款酒店走廊区域的空间设计。

- 带有文字的招牌在不同位置横纵交错着，明亮的霓虹灯色彩丰富，黄色、蓝色和青色的碰撞与下方置物架和沙发的红色形成鲜明对比，通过丰富的色彩搭配使空间个性十足。
- 沙发和置物架的风格统一，让不同空间的元素形成独特而又复杂的串联。

这是一款酒店内大厅等候区域的空间设计。

- 丰富而又充满对比效果的色彩使空间更加丰富饱满，增添了空间的趣味性，使受众在等候之余有充分的视觉元素消磨时间。
- 重复利用的格子元素作为地面的背景，使空间静中有变，生动且富有设计感。

7.16 适当降低饱和度，营造温馨舒适的空间氛围

色彩的饱和度是指色彩的鲜艳程度。在酒店设计中，适当地降低色彩的饱和度，使颜色更加柔和淡然，所营造出的空间氛围更加舒适温馨。

这是一款酒店内客房区域的空间设计。

- 空间采用冷暖对比的配色方案，适当地降低了色彩的饱和度，整体柔和的色彩使空间更加淡雅、平静。
- 以格子图案作为上层空间的主要装饰元素，静中有变的装饰效果在无形之中增添了空间的设计感。

这是一款酒店内的客房空间设计。

- 将黑、白、灰作为床上用品的主色调，无彩色系的配色方案使空间更加低调、安静。
- 实木元素的加入搭配由外向内投射进来的光线，为平淡的空间增添了一丝自然气息。
- 室内氛围简约安静，仅以线条为简单的装饰元素，为消费者营造更加安静、舒心的居住休息环境。

这是一款酒店内客房区域的空间设计。

- 空间以低饱和度的绿色调为背景，稳重却不单调，配以少许的低饱和度蓝色枕头作为点缀，丰富空间的色彩搭配，成为空间的点睛之笔。
- 风格抽象的装饰画为沉稳的空间带来一丝活跃感。
- 书本和实木材质的置物架为空间增添了些许书香气息。

7.17 光与影的结合，塑造个性化空间

通常情况下，光元素与影元素是依附存在的，而大多数的人只能看到光，却常常忽略了影子的存在。在酒店设计中，光影的投射能够达到艺术性的装饰效果，使空间的氛围更具个性化和艺术感。

这是一款酒店内客房区域的空间设计。

- 空间通过光与影的结合，将植物的叶子投射在天花板和墙壁上，对毫无装饰元素的墙壁起到了艺术性的装饰作用。
- 将空间设置成田园风格，实木材质的应用和植物元素的点缀，让空间回归大自然。
- 暖色调的配色方案与空间的风格形成呼应，打造和谐统一的空间氛围。

这是一款酒店内客房区域的空间设计。

- 在床边放置充满设计感的多结构吊灯，层次丰富，纯白色的灯光透过镂空效果，将影子投射在墙壁之上，形成光斑，为区域起到了良好的装饰作用，同时也加深了空间氛围的渲染。
- 空间以手工艺编织元素作为装饰用品，风格统一，使整体空间具有十足的文艺气息。

这是一款酒店套房起居室的空间设计。

- 天花板上的吊灯在墙壁上映射出放射状的光影，为室内的上层空间增添设计感。
- 空间采用多量的暖色调灯光，使整体氛围更加温暖、惬意。
- 空间将复杂与精致结合，打造美感十足的梦幻氛围。

7.18 暖色调的配色方案，宾至如归

色彩的变换能够改变人们的心情。酒店作为现如今最为普遍的消费场所之一，色彩的运用有着举足轻重的作用。为了增强顾客的体验感，使空间的氛围更加温馨和谐，暖色调的配色方案成为设计师们的首选。

这是一款酒店内公共区域的空间设计。

● 以实木色和温暖的浅黄色为主色调，通过暖色调的浅黄色灯光进行照射，打造温暖、雅致的空间氛围。
● 空间布局规整，以矩形为主要设计元素，打造具有统一感的空间氛围。
● 以少许的大理石纹理点缀空间、活跃空间氛围。

这是一款酒店客房内工作室的空间设计。

● 空间以深灰色为主色调，奠定了平和稳重的色彩基调，实木材质的椅子将座垫设置成浓郁的深琥珀色。在无彩色系的背景下，暖色调的点缀使空间更加温馨、惬意。
● 地面上"人"字形的实木材质纹理活跃了空间氛围。
● 窗外向内投射的少许光线使空间更加自然、温暖。

这是一款酒店客房内的空间设计。

● 墙面下方通过暖色调灯光的照射形成了淡淡的暖黄色，与玫瑰金色的金属吊灯相搭配，使空间更加和谐、温暖。
● 背景墙面上方采用浅灰色到深灰色的渐变进行装饰，层次丰富，设计感强。
● 实木材质的床头置物架使室内空间与自然更加贴近。

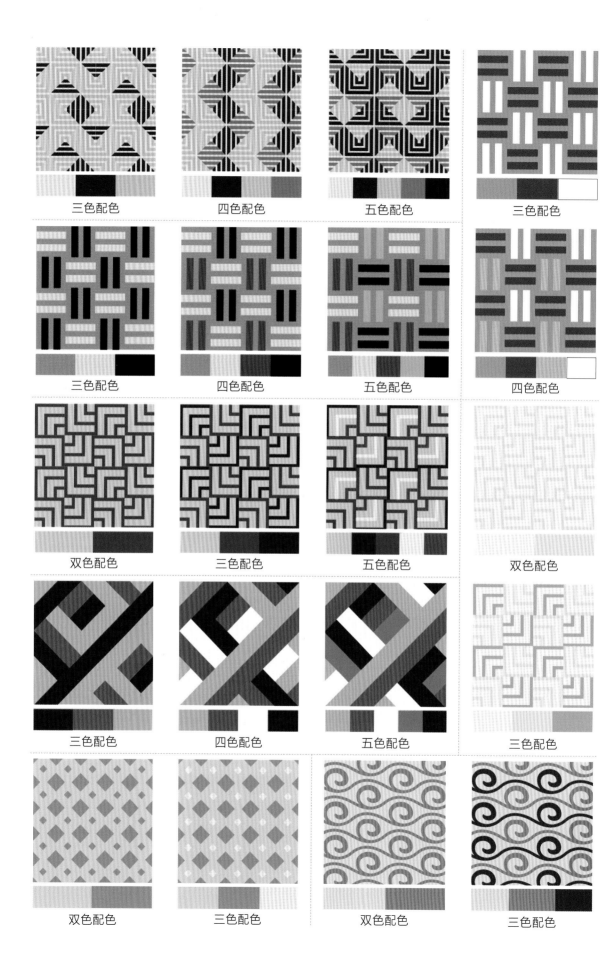

三色配色	四色配色	五色配色	三色配色
三色配色	四色配色	五色配色	四色配色
双色配色	三色配色	五色配色	双色配色
三色配色	四色配色	五色配色	三色配色
双色配色	三色配色	双色配色	三色配色